MEISTERSCHAFT

Die Originalausgabe erschien 2020 unter dem Titel „Mastering The Lego® Serious Play® Method" bei Promeet.

LEGO® Copyright

LEGO® Serious Play® Markenrichtlinien

Dieses Buch nutzt den LEGO® Serious Play®-Open-Source-Guide und baut darauf auf. Er wurde von der LEGO-Gruppe unter einer Creative-Commons-Lizenz veröffentlicht („Namensnennung – Weitergabe unter gleichen Bedingungen", vgl. creativecommons.org/licenses/by-sa/3.0/de/). Diese Ausgabe nutzt die Namenskonventionen, wie sie auf Seite 6 der LEGO® Serious Play® Markenrichtlinien („Trademark Guidelines") zu finden sind. Die „Trademark Guidelines" finden sich auch auf Seite 170 dieses Buches.

Haftungsausschluss

Obwohl der Autor alles unternommen hat, um sicherzustellen, dass die Informationen in diesem Buch zum Zeitpunkt der Veröffentlichung korrekt sind, übernimmt er keine Gewähr und lehnt jede Haftung für Verluste, Schäden oder Behinderungen aller Art ab, die durch Fehler oder Auslassungen verursacht wurden, unabhängig, ob diese auf Fahrlässigkeit, Versehen oder anderen Gründen beruhen.

ISBN Print: 978 3 8006 6462 7
ISBN E-Book: 978 3 8006 6463 4

Satz: Fotosatz Buck
Zweikirchener Str. 7, 84036 Kumhausen
Druck und Bindung: Westermann Druck Zwickau GmbH
Crimmitschauer Str. 43, 08058 Zwickau
Umschlaggestaltung: Ralph Zimmermann – Bureau Parapluie
in Anlehnung an Originalausgabe

Gedruckt auf säurefreiem, alterungsbeständigem Papier
(hergestellt aus chlorfrei gebleichtem Zellstoff)

DIE LEGO® SERIOUS PLAY®-METHODE SPIELEND MEISTERN

44 Techniken und Tipps

FÜR ERFAHRENE LEGO® SERIOUS PLAY®-FAZILITATOREN

Geschrieben & entwickelt von **SEAN BLAIR**

Deutsche Übersetzung von JENS DRÖGE

„Everything that happens to you is a form of instruction, if you pay attention."

„The future belongs to those who learn more skills and combine them in creative ways."

Robert Greene aus seinem Buch „Mastery"

„Was wir glauben oder verstehen, wird geformt, ermöglicht und beschränkt durch uns selbst und unsere Interaktion mit der Welt.

Dinge mit unseren eigenen Händen zu erschaffen, ist insbesondere in Gruppen außerordentlich förderlich für unsere Vorstellungskraft."

LEGO® Serious Play®-Mitentwickler Professor Johan Roos aus seinem Buch „Thinking from Within"

Inhaltsübersicht

Vorwort zur deutschen Ausgabe

Es klingt fast schon absurd, denn das englische Original dieses Buch, das sich mit der Präsenzmoderation befasst, erblickte im März 2020 das Licht der Welt. Das war ungefähr zwei Wochen, bevor sich die Welt in einen globalen Lockdown verabschiedete.

Seit dem Erscheinen der Originalausgabe ist einiges passiert und daher widmen wir dieser Ausgabe auch ein neues Vorwort.

Online LEGO® Serious Play®

Seit März 2020 hat sich die Welt verändert und die Einschnitte im privaten und beruflichen Umfeld waren für jeden von uns gravierend.

Hätte man uns vor der Pandemie gefragt, ob man LEGO® Serious Play® online durchführen (oder geschweige ausbilden) kann, wäre die Antwort schlicht „nein" gewesen.

Not ist aber bekanntlich der Treiber von Innovation. Als im März 2020 klar war, dass die Pandemie massive Auswirkungen auf Präsenz-Workhops haben wird, haben Jens Dröge und ich uns auf den Weg gemacht, dieses Problem zu lösen. Unser Ziel war es, einen Weg zu finden, der sowohl auf den Prinzipien von LEGO® Serious Play® beruht, aber gleichzeitig den Bau eines gemeinsamen Modells online möglich macht.

Das nebenstehende Bild zeigt, dass uns dieses Ziel geglückt ist. Wir haben ein Vorgehen entwickelt, das es erlaubt, LEGO® Serious Play® online genauso effektiv durchzuführen wie in Präsenz.

Dieses Vorgehen haben wir in unserem Buch „**SO FUNKTIONIERT DIE LEGO® SERIOUS PLAY® METHODE ONLINE**" veröffentlicht.

Inzwischen haben wir mehrere hundert Teilnehmer – Anfänger in der LEGO® Serious Play®-Methode ebenso wie fortgeschrittene Fazilitatoren – erfolgreich in der Moderation von LEGO® Serious Play® Online mit unserem neuartigen Ansatz geschult und ausgebildet.

Wir empfehlen dazu auch den weiterführenden Link unter: **https://www.serious.global/learn/online-lego-serious-play-facilitator-training/**

Baustufe 3: Systemmodelle – jetzt ebenfalls online

Kaum haben wir gelernt, individuelle und gemeinsame Modelle online zu bauen, haben wir uns der nächsten Herausforderung gestellt: der Entwicklung neuer Methoden zum Bau von Systemmodellen online.

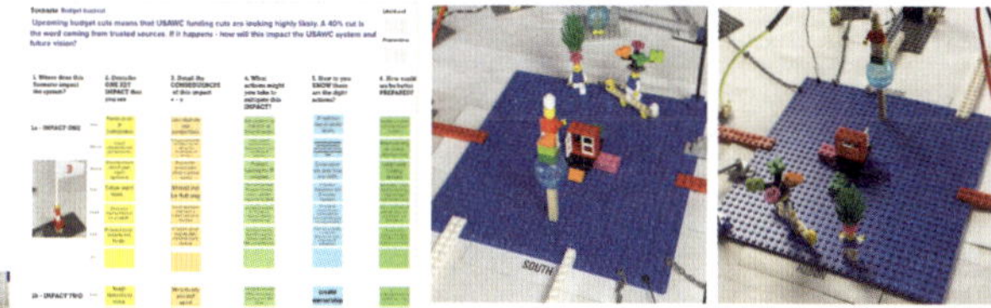

Ein Systemmodell, online in London gebaut, mit Teilnehmern des US Army War College in den USA

Diese neuen Techniken für den Bau von Systemmodellen online haben wir inzwischen erfolgreich und als Erste in Workshops und Kursen mit Teilnehmern aus Europa, China, Neuseeland, Saudi-Arabien und Indonesien angewandt und vermittelt.

Ein wachsendes Netzwerk an Trainern

Unsere Ausbildung ist *praxisorientiert*, d.h. dass unsere Teilnehmer die Moderation der vorgestellten Techniken live üben. Wir bilden also in der *Moderation mit der Methode* aus, nicht in der Theorie, da wir davon überzeugt sind, dass *der Schlüssel zu LEGO® Serious Play® in der Anwendung der richtigen Techniken* liegt.

Die Stimmen derer, die auch die klassischen Ausbildungen kennen, bezeichnen unseren Ansatz als den Gold-Standard unter den LEGO® Serious Play®-Ausbildungen. Wir wollen uns hier nicht selbst loben, empfehlen aber, die Feedbacks zu Jens und Sean auf LinkedIn und YouTube zu lesen bzw. zu schauen.

Unser Netzwerk umfasst inzwischen Deutschland, Österreich und die Schweiz (Jens Dröge), Nordamerika (Mia Eng), Südamerika (Héctor Villarreal), Skandinavien (Mirjami Sipponen-Damonte), Italien (Daniela Chiru), Hongkong (Johnny Wong) und demnächst auch China.

Vier Jahre, in denen wir viel lernen durften

Seit wir vor etwas mehr als vier Jahren mit unserem Ansatz an den Markt gingen, haben wir die Regeln, wie man LEGO® Serious Play® lehrt und anwendet, neu geschrieben. Mit online LEGO® Serious Play® haben wir die Methode revolutioniert. Wir haben viel gelernt in dieser Zeit und sehen noch viel großes Potenzial dieser Methode für die Zukunft.

Und auch die Gemeinschaft LSP-Begeisterter findet neue Wege. So steht die unabhängige Plattform LSPConnect allen offen, egal ob ausgebildet oder nicht: https://www.lspconnect.events/

Zu guter Letzt möchte ich mich bei Jens Dröge für die Übersetzung bedanken. Dank geht ebenso an Dennis Brunotte von Vahlen, ohne den es dieses Buch ebenfalls nicht auf Deutsch gäbe. Dankeschön!

Sean Blair
London im Januar 2022

Vorwort

Marko ist Gründer von SeriousPlayPro.com, der globalen Community von LEGO® Serious Play®-Moderatoren.

Ich nutze LEGO® Serious Play® seit 2005. Zunächst als Dozent, um bei den Studierenden kreatives Denken zu fördern, später als Berater, mit dem Ziel, Innovationsprozesse erfolgreicher zu gestalten. Und schließlich als Coach und Moderator, um Menschen spielerisch dazu zu bewegen, sich zu öffnen.

Aufgrund der Vielzahl an Projekten entschied ich mich, mein Wissen über LEGO® Serious Play® mit anderen Moderatoren zu teilen. 2009 habe ich daher SeriousPlayPro.com als offene Plattform gegründet.

Vor ungefähr 5 Jahren kam Sean über SeriousPlayPro.com auf mich zu und bat um Unterstützung bei der Planung eines Workshops. Er war damals schon ein sehr erfahrener und angesehener Trainer, der eben LEGO® Serious Play® zu seinem Werkzeugkasten hinzugefügt hatte.

In unserer ersten Skype-Session sagte er: „Ich plane einen wichtigen Workshop mit 300 Teilnehmern und möchte LEGO® Serious Play® nutzen. Ich bin mir aber nicht sicher, ob es geht, denn ich habe nur 1 Stunde ..."

Sean hat wie viele andere auch eine 4-tägige LEGO® Serious Play®-Ausbildung besucht, bei der zwar über Moderation gesprochen wurde, es aber keine Zeit zum Üben gab.

Wir redeten über den Workshop, ich machte Vorschläge und riet ihm, es einfach auszuprobieren – im Bewusstsein, es würde super funktionieren. Er tat es – und tatsächlich: Die Ergebnisse sprachen für sich.

Das war der Beginn unserer Freundschaft und seitdem tauschen wir uns regelmäßig über unsere LEGO® Serious Play®-Projekte aus. Ein Jahr später dann führte dieses Hin und Her zu unserem Buch „SERIOUSWORK – Meetings und Workshops mit der LEGO® Serious Play®-Methode moderieren."

Obwohl die LEGO® Serious Play®-Methode nun annähernd 20 Jahre alt ist, bin ich sehr stolz, dass SERIOUSWORK bis heute das einige Praxis-handbuch auf dem Markt ist, das es Neulingen ermöglicht, mit LEGO® Serious Play® zu arbeiten. Ohne Seans vielfältige Ideen, seiner unendlichen Motivation, jeden Tag ein paar Seiten zu schreiben, und seiner Liebe zum Design wäre SERIOUSWORK niemals entstanden.

Neben seiner täglichen Arbeit als Moderator und Trainer war Sean immer auch aktiv im Aufbau der Community. Er zählte zu den ersten Organisatoren von LEGO® Serious Play®-MeetUps, wo er seine Erfahrung großzügig teilte, und ich bewundere seine Gabe, seine Workshops in Fallstudien für das Internet und für Social Media zusammenzufassen.

Es ist schön zu sehen, dass Sean knapp vier Jahre nach SERIOUSWORK genug Energie getankt hat, um seine Erfahrung in einem weiteren Buch zu einer Vielzahl nützlicher Techniken zusammenzufassen und diese mit uns zu teilen.

SERIOUSWORK legt den Fokus auf einfache Workshops mit der LEGO® Serious Play®-Methode. Das Leben eines Moderators ist allerdings nie einfach und leicht. Jede Situation ist neu. Moderatoren müssen daher stets ihren Erfahrungsschatz erweitern und sich in Bezug auf Persönlichkeit und Auftreten reflektieren. Es ist ein nie endender Weg.

Mit „Die LEGO® Serious Play®-Methode spielerisch meistern“ schafft es Sean, komplexe Sachverhalte zu entwirren, und drei Dinge faszinieren mich besonders an diesem Buch:

Zunächst wäre da die Konsequenz hinsichtlich der Bedeutung der Workshop-Planung. In Zeiten, in denen schlechte Meetings immanent sind, ist es schön zu lesen, wie sehr Sean die notwendige Logik und Verbindung zwischen Workshop-Zielen, Aufgaben, Reflexionsfragen und Ergebnissen betont. Das Verketten dieser vier Elemente stellt sicher, dass ein Meeting produktiv verläuft.

Des Weiteren mag ich den Teil, in dem Sean auf die Baustufe 2: gemeinsame Modelle eingeht. Die Entstehung eines gemeinsamen Modells ist ein chaotischer Prozess. Oder mit den Worten von Sam Kane: eine Moderation entlang der „Knirschzone“. Ein Teil besteht darin, zu einem gemeinsamen Verständnis und einer Basis zu gelangen. Ein anderer ist das Entwickeln neuer Erkenntnisse.

Aufgrund der oft widersprüchlichen Ziele in diesem Teil des Workshops, führt das Bauen eines gemeinsamen Modells regelmäßig zu Frustration bei den Teilnehmern und stellt hohe Anforderungen an den Moderator. Sean liefert hierzu eine Vielzahl praktischer Tipps, wie dieser Prozess entsprechend besser gestaltet werden kann.

Und letztlich werden Moderatoren beschäftigt, um Ergebnisse zu erzielen. Daraus kann ein Rollenkonflikt entstehen, wenn sie zu energisch auftreten. Es hilft, sich Folgendes wieder in Erinnerung zu rufen: Folge den Teilnehmern, nicht deinem Prozess.

Sean hat einige Tipps zusammengetragen, um als Moderator entspannt und neutral zu bleiben, indem Sie sich wie ein Dirigent verhalten, anstatt alle Instrumente gleichzeitig spielen zu wollen.

Ich bewundere die Leidenschaft, die Sean in diesem Buch beweist. Und ich bin mir sicher, dass jeder erfahrene LEGO® Serious Play®-Moderator weiß, wie der gelegentliche Blick in diese Tipps und Techniken dabei hilft, seinen Erfahrungsschatz zu erweitern.

Marko Rillo

Gründer von SeriousPlayPro.com
Tallinn, Estland
Im März 2020

Prolog – LEGO® Serious Play® spielerisch meistern

Dieses Buch befasst sich damit, wie man LEGO® Serious Play® meisterlich beherrscht, indem man als Moderator kleine Techniken und Tipps anwendet, die die Planung, Moderation und Ergebnisse eines Workshops substanziell verbessern.

Auf die Kleinigkeiten kommt es an. Eine extra 0 kann z.B. einen signifikanten Einfluss auf Ihren Umsatz haben. Ein kleiner Unterschied macht aus 100.000 € so 1.000.000 €.

Ein falsches Zeichen in einem Code kann eine App zum Absturz bringen. 1 Sekunde Verspätung am Bahnsteig und der Zug fährt ohne einen ab, wenn die Türen schon geschlossen sind. Ein Wort kann die ganze Bedeutung eines Satzes verändern. Und somit auch das Ergebnis eines Workshops.

Die hier vorgestellten Tipps unterstützen erfahrene LEGO® Serious Play®-Moderatoren darin, Workshops zu leiten, die die gewünschten Ergebnisse bringen.

Wie dieses Buch entstanden ist

Ich habe zwei Jobs. Mein Hauptjob ist der des Moderators: Ich habe weit über eintausend Workshops entworfen und geleitet und bin als preisgekrönter „IAF Certified™ Professional Facilitator" auf der ganzen Welt unterwegs. In erster Linie bin ich aber Anwender.

In meinem zweiten Job entwickle ich Schulungen und bin Trainer aus der Praxis. Ich bin Anbieter einer Ausbildung zum „LEGO® Serious Play® Facilitator", die den Goldstandard setzt und habe viele hundert Teilnehmer ausgebildet.

Die Verbindung dieser beiden Tätigkeiten zog meine Aufmerksamkeit für die winzigen Details bei Planung und Durchführung auf sich. Und dies führte letztlich zu diesem Buch.

Dazu ein Beispiel ...

Wenn es ans Teilen der Modelle geht, fragt der Moderator die Teilnehmer normalerweise: „Wer will anfangen?"

Ich habe diese Frage früher genauso gestellt. Und Sie vielleicht auch.

Wenn ich neue Fazilitatoren ausbilde und meinen Schülern diese Frage stelle, bemerke ich oftmals eine peinliche Stille – einen Moment, in dem wir schweigend dasitzen und darauf warten, dass sich jemand meldet.

Inzwischen aber gebe ich meinen Trainees den Tipp, Technik #19 anzuwenden: Neugierde zeigen und das Modell auswählen, dessen Geschichte *SIE* interessiert.

Dieser kleine Unterschied hat große Auswirkungen.

Zunächst bringt es Neugierde in den Prozess. Der Moderator möchte die Teilnehmer eines Workshops dazu bewegen, Interesse an den Modellen der anderen zu zeigen. Er fungiert also als Vorbild, indem er das gewünschte Verhalten modelliert.

Wenn die Teilnehmer in ihrem Selbstvertrauen gestärkt und gleichberechtigt sind, kommt es zudem nicht zu der genannten peinlichen Situation. Gibt der Moderator die Verantwortung in die Gruppe, erhält diese außerdem die Kontrolle über den Prozess.

Letztlich ist der positive Nebeneffekt, dass der Moderator nicht aufpassen muss, ob wirklich jeder an der Reihe war. Die Teilnehmer steuern sich selbst und als Moderator kann man sich stattdessen auf die Inhalte konzentrieren.

Diese kleine Technik habe ich mir von meinem Trainee Will Sudworth abgeschaut und hat mir geholfen, mich selbst zu verbessern. Seitdem rate ich allen LEGO® Serious Play®-Moderatoren, diese auch anzuwenden.

Praxisorientiertes Lernen: ein Geschenk

Unser Ansatz unterscheidet sich substanziell von der ursprünglichen 4-tägigen Ausbildung. Dieser wurde zunächst von LEGO so gelehrt und ist nach wie vor Basis fast aller Ausbildungen auf dem Markt.

Der Trainer einer Ausbildung sollte über jede Menge Wissen verfügen, insbesondere über LEGO® Serious Play®. Die Trainees haben allerdings in der Regel jahrelange Erfahrung in der Moderation von Gruppen. Das Wissen in diesem Buch ist also als Ergebnis ein Geschenk aus unserer einzigartigen praxisorientierten Ausbildung.

Als Vorreiter eines praxisorientierten Ansatzes, bei dem unsere Teilnehmer der Reihe nach in die Rolle des Moderators schlüpfen, sind wir davon überzeugt, eine Ausbildung geschaffen zu haben, die die LEGO® Serious Play®-Methode effektiver, kunden- und teilnehmerzentrierter ausbildet.

Zudem kombinieren wir LEGO® Serious Play® mit anderen erprobten Moderationstechniken. Die hier vorgestellten Tipps dienen also auch als Ressource für diejenigen, die nicht von uns ausgebildet wurden.

Warum dieses Buch?

Dieses Buch ist aus dem tiefen Wunsch entstanden, die Qualität von LEGO® Serious Play®-Workshops zu verbessern. Warum mir das so wichtig ist? Weil ich zu viele Negativbeispiele gesehen habe – und diese verleihen LEGO® Serious Play® einen schlechten Ruf.

Mein Ziel ist, dass Sie durch dieses Buch einen erstklassigen Workshop gestalten und Ihre Moderation den Goldstandard erreicht. So können wir alle zusammen die Qualität erhöhen, Standards setzen und der Methode zu hohem Ansehen verhelfen.

Ich habe die LEGO® Serious Play®-Community als sehr großzügig erlebt. Dank Camilla Jensen kam ich zum ersten Mal in Kontakt mit der Methode. Sergey Dmitriev und Marko Rillo gehören zu denjenigen, die mich seither unterstützt und gecoacht haben.

Eine positive Grundeinstellung führt stets weiter als eine eingeschränkte. Lasst uns also gemeinsam teilen und uns unterstützen, denn der Gegner ist nicht die Konkurrenz, sondern die mangelnde Erfahrung! Ich wünsche mir, dass dieses Buch die Großmut in uns anspricht. Für Ergebnisse, die keiner von uns allein erzielen könnte.

Sean Blair
Geschrieben in London und Marokko

Danksagung

Danke für die Fotos

Fotos transportieren Geschichten. Mein Dank geht an alle abgedruckten Personen.

Danke an LEGO® für ihr Einverständnis

Dank geht an Jette Orduna vom „LEGO® Idea House" für die Abstimmung mit der LEGO®-Rechtsabteilung.

Danke an das Team von SeriousWork

Ein großes Dankeschön geht an meine Trainingspartner Jens, Mirjami und Marko. Ganz besonderer Dank gebührt Jens Dröge, der einige wertvolle Anmerkungen zu den vorgestellten Techniken gemacht hat.

Helen und Caroline halten unser Unternehmen am Laufen. Die meisten unserer Absolventen werden bereits Kontakt mit ihnen gehabt haben. Vielen Dank für all eure harte Arbeit und euren Einsatz in der Vergangenheit und in Zukunft.

Danke an meine lieben Korrektoren

Vielen Dank Dr. Tammy Watchorn & Helen Batt. Sie haben dem Buch den letzten Schliff verliehen.

Ein ganz herzlicher Dank zum Schluss

Ganz herzlicher Dank geht an Marko Rillo. Marko hatte großen Einfluss auf meine Arbeit und meinen Lebensweg. Sein Input hat dieses Buch verbessert und er ist für mich ein Mentor, Coach und Freund. Ohne ihn hätte ich keines der Bücher je geschrieben.

Gestatten, Sean Blair

Autor und in erster Linie Moderator und Trainer,

Ich bin Gründer von ProMeet, einem Unternehmen spezialisiert auf internationale Trainings und Workshops. Zu meinen Kunden gehören u. a. HSBC, Google, Cisco, Pfizer, Coca-Cola, Denso Automotive, UKTI und die InterAmerican Development Bank. Fallstudien finden Sie unter **www.meeting-facilitation.co.uk**

aber auch Entwickler praxisbasierter Schulungen

Mit SeriousWork habe ich ein internationales Ausbildungsinstitut gegründet und mit meinem SERIOUSWORK-Ansatz die LEGO® Serious Play®-Ausbildung weiterentwickelt.

Mitarbeiter u. a. von Microsoft, Starbucks, Salesforce, Spotify, Cathay Pacific, der LEGO Group, der Royal Air Force, Sanofi und dem US Army Center for Strategic Leadership wurden von mir ausgebildet.

Unter **https://www.serious.global** bieten wir die beste LEGO Serious Play-Ausbildung der Welt an.

Alt und ~~weise~~

Ich verfüge über 30 Jahre Erfahrung in der Begleitung von Innovation, Lernen und Change.

Lange saß ich in Führungspositionen, u. a. in der Geschäftsführung der Royal Society of Arts und des Design Council. Ich war Kommissar in der Creative Industry Commission des Mayor for London und Ehrenstipendiat für Unternehmensführung an der Durham University.

Zusammen mit der BBC habe ich Inhalte produziert und war des Öfteren im Radio, um über Design, Innovation und Kreativität zu sprechen. Gelegentlich trete ich als Redner auf und gebe Vorlesungen.

Preisgekrönter Moderator und Trainer

Mit Stolz kann ich sagen, dass ich ein von der International Association of Facilitators (IAF) „Certified™ Professional Facilitator“ bin und mit dem IAF „Facilitation Impact Award“ ausgezeichnet wurde.

LEGO Serious Play-Experte

Ich bin Profi in der LEGO Serious Play-Methode und war der führende Kopf hinter Markos Idee des Buches „SERIOUSWORK – Meetings und Workshops mit der LEGO SERIOUS PLAY-Methode moderieren.

LEGO: ein tolles Werkzeug – wenn es das richtige ist

Manche Kunden betrachten LEGO mit Argwohn. Vor einigen Jahren hatte ich eine Unterhaltung mit einem skeptischen Mitarbeiter einer Regierungsbehörde. Er war besorgt, dass ich LEGO Serious Play durchsetzen wollte, und fragte mich, ob ich einen speziellen Ansatz bevorzuge. Ich entgegnete: *„Nein, für mich steht das Ergebnis im Vordergrund. Ich bin neutral und werde das Tool nutzen, das hierfür das richtige ist.“*

LEGO Serious Play ist ein fantastisches Werkzeug – aber es ist nicht immer das richtige. Aber wenn es das ist, dann hoffe ich, dass die Ideen in diesem Buch dazu beitragen, erstklassige Ergebnisse zu liefern.

Dank an unsere Lehrmeister

Den wichtigsten Leuten, denen Dank gebührt, sind unsere Absolventen. Im Jahr 2016 erschien unser Buch SERIOUSWORK, mit dem wir das klassische Schüler-Lehrer-Ausbildungsmodell auf den Kopf gestellt haben. Indem wir unsere Teilnehmer bei der Moderation ihrer ersten LEGO Serious Play-Workshops erleben konnten, hat uns unser praxiszentrierter Ansatz der LEGO® Serious Play®-Ausbildung vieles gelehrt, was funktioniert und was nicht. Heute, im Jahr 2020, bieten wir unsere Kurse weltweit als offene Trainings und Inhouse-Ausbildungen an.

Wie bereits erwähnt, verfügt der Trainer einer Ausbildung in der Regel über großes Wissen, insbesondere über LEGO Serious Play, und die Teilnehmer über die Arbeit mit Gruppen. Was in diesem Buch steht, ist also gemeinsam entstanden.

Wir möchten uns bei all unseren Absolventen bedanken, die an unseren einzigartigen Ansatz glauben und uns so viel beigebracht haben:

Paul Brown, Parag Gogate, Kevin Sefton, Tom Currie, James Lloyd, Mireia Montaine, Euan Turn, Caroline Jessop, Will Sudworth, Silvio Moser, Liza Eberle, Oliver Morris, Coral Movasseli, Dominick McGrath, Francesca Carevale, John Lynch, Jennifer Sheahan, Patrick Hegarty, John King, Bruce Perry, Julian King, Mash Nabi, Nadine Asmar, Hibo Osman, Rasha Mardam Bay, Rana Bassir, Laura Paola Finsterbusch, Edward Mackle, Vincent Doyle, Fiona Smith, Trevor Ray, Abdullah Aydin, Daniel Freedman, Camilla Gordon, Evelyn Wolf, Victoria Storey, Tammy Watchorn, Gary Semple, Dian Small, Raj Jani, Pippa Hugill, James Yarlett, Lee Button, Kunjnita Patel, Jessica Ball, Marcus Hoyle, Lorena Rodriguez Bu, Valeria Pacheco, Adela Barrio, Pablo Bachelet, Carolina Aclan, Monica Otsuka, Janaina Goulart, Anna Nill, Luz Angela, Carolina Oh, Elba Luna, Luis Manuel Espinoza Colmenares, Jose Yitani, Maria Alejandra Martinez Lima, Angela Funez, Maria Fernanda, Polini Rodriguez, Valentina Sequi, Duval Llaguno, Agustin Caceres Padron, Gador Manzano, Anamaria Nuñez, Kyle Strand, Ana Lucia Escudero, Atsuko Horiguchi, Shamsa Almessabi, Saif Rahman Shamsa Lootah, Mariam Fozan, Kristen Herde, Andreas Herde, Johannes Geske, Marc Mauerman, Liz Jenkins, Claus-Peter Seichter, Robert Gaertner, Ali Asl, Torsten Krüger, Rebecca Godfrey, Nick Richmond, Louise Palfreyman, Daniel Ruch Gaemperle, Sonja Gibson, Cathy Pearson, Bob Pearson, Laura Mitchell, Arief Abraham, Tosin Adebisi, Bärbel Boy, Jenny Bliefert-Bansemir, Dominik Gajerski, Mathieu Dietrich, Kersti Peenema, Gregory Nguyen, Thomas Sumandio, Rick Morton, Jesse Lui, Christina Reis, Phillipp Rosenthal, Nel Mathams, Pam Burnard, Helen Gough, Mark Pattenden, Ella Cronin, Chris Dowdall, Praba Kugathasan, Anna Craig, Dominic Demolder, Alexander Harding, Mia Eng, Robin Gustafsson, Pam Seanor, Vanessa Harbar, Douglas Idle, Laure Felix-Bower, Fan Li, Alexandra Luxton, Alastair Friend, Maddy Woodman, Ola Odumosu, Anne-Lyse Raoul, Ayman Mahana, Sean Craig, Anthony

Walkley, Arran Haj-Najafi, Eddie Lang, Adolfo Gonzalez, Alexandre Krstic, Stuart Hobley, Aimee Blackledge, Catherine Stagg-Macey, Robyn Llewellyn, Emma Jelley, Ian Winston, Lynn Zhu, Taina Vuorela, Päivi Aro, Saara Tiri, Liisa-Maija Malinen, Rudi Bringtown, Horst Haring, Eric Ferrot, Yannic Langlois, Paris Connolly, Phil Bowker, Magali Dickes, Hilarious De Jesus, Jamie Reed, Jaime Martins, Kirsty Marson, Chris Chapman, Holly Henderson, Tim Casson, Loreto De Funes, Elizabeth Paterson, Hanifa Shah, Max Klugerman, Marilyn Fogg, Oliver Kopp, Maryam Rottweiler, Bernd Kollmann, Chantal Caraci, Sonja Diekmann, Torsten Fuchs, Frank Oschmann, Michel Laubscher, Catharina Kloß, Luise Weißflog, Jan Schauenberg, Fabian Kiss, Thorsten Schiffer, Paul Marks, Martin Spraggon, Zoe Brown, Liz Box, Paweena Aramrattana, Colin Quayle, Viola Wontor, Sonia Johnson, Phil Cain, Lauri Murphy, Fran Ward, Taru Uhrman, Neil Melvin, Debbie Kinsey, Deb Evans, Maria Kütt, Eeva Kenttäkumpu, Hanna Jaakola, Kersti Peenema, Angeliki Barakli, Dimitris Stathis, Christina Skoumpridou, Sharon Cox, Dimitris Kampoukos, Paulo Cesar Velasquez, Glaudia Califano, Poppy Oikonomou, Emma Owen, Gerald Feldman, Vahid Javidroozi, Chris Maguire, Tracey Smart, Stephen Crane, Lynda Farmer, Sarah Scott, Steph Crewe, Peter Welch, Ivo Haase, Owen James, Jeremy Gwee, Pri Desta Yudha, Saiful Hidayat, Samuel Leung, Jongse Park, Steve Te, Stephanie Ho, Desmond Lee, Mike Lewis, Diederik Mutsaerts, Chia-Yen Gschwend, Helen Batt, Neil Crespin, Sybille Kuwert, Gillian Thomson, Nathalie Britten, Rochelle Dancel, Stephen Smith, Sara Hasani, Hussan Aslam, Nick Defty, Liz Oseland, Philippe Duvivier, Charlotte Edwards, Aine Mulloy, Giulia Cappelletti, Kate McAvoy, Sibeal Conway, Michala Davey-Borresen, Conor McAndrew, Gavin Redmond, James Maxwell, Maeve McErlean, Mick Torrans, Rob Crowe, Jeanine Brockhoff, Minna Onnela, Harri Hämäläinen, Jyri Naarmala, Angelina Zaronina-Nedashkovsky, Mima Ahmad, Patty Lau, Jerome San, Carmen Li, Meiting Lin, Yvette Sim, James Piper, Suzanne Trew, Leo Sayer, Marilyn Kronenberg, Janine Hegarty, Joe Pearson, Gemma McNulty, Thomas Leymann, Ingolf Speer, Doris Pusch, Alexander Beckmann, Katrin Dreyer, Rolf Bielser, Susanne Heiss, Kersten Staat, Petra Ott, Matthias Bastian, Heike Reitz, Nicole Führing, Martin Talmeier, Christian Hoffer, Katalin Faix, Katrin Schneider, Friederike Exter, David Henshaw, Richard Moss, Roberto Cortese, Belinda Wych, Neil Davies, Ryan Behrman, James Reeve, Anne Domain, David Tapp, Christian Miles, Wayne Rogers, Nathalie Foehr, Simon McCaskill, Marie-Christine Messier, Colleen Quinn, Amy Cole, Edurne Lago, Thomas Schiestl, Marlies Butterworth, Matt Rodda, Bettina Rose, Eva Maria Möseneder, Christian Huebner, Wolfgang Strober, Doug Baldwin, Thorsten Maul, Marko Dankert, Alexander Herzner, Alexandra Götzfried, Ann Armstrong, Lisa Witzler, Lauren Thomas, Joe Campbell & Jamie Muskopf.

DEFINITION
WHAT IS A "SYSTEM"?
A system is an interconnected set of elements that is coherently organised in a way that achieves something.
LEGO

FÜR WEN IST DIESES BUCH GEEIGNET UND WAS SIND DIE INHALTE?

Einleitung

Dieses Buch richtet sich an erfahrene Moderatoren, die LEGO® Serious Play® bereits einsetzen. Es ist nicht für Einsteiger und Neulinge gedacht. Als „Einstiegs-lektüre" empfehlen wir in diesem Fall **„SERIOUSWORK – Meetings und Workshops mit der LEGO Serious Play-Methode moderieren"**[1]. Es gibt eine Übersicht darüber, wie man einfache Workshops der Baustufe 1: individuelle Modelle entwirft und durchführt.

BAUSTUFE 3
Systemmodelle
... dienen dem Verständnis von Kräften, Wechselwirkungen und Einflüssen innerhalb eines Systems und auf das System.

BAUSTUFE 2
Gemeinsame Modelle
... dienen dazu, ein gemeinsames Verständnis über Themen von gemeinsamem Interesse zu erlangen.

BAUSTUFE 1
Individuelle Modelle
... dienen der dreidimensionalen Darstellung der eigenen Gedanken, sodass andere diese sehen, verstehen und hinterfragen können und so eine gemeinsame Bedeutung erkennen.

[1] Erhältlich bei **https://www.serious.global/de/seriouswork-lego-serious-play-buch/** oder überall dort, wo es Bücher gibt.

Dieses Buch befasst sich mit der Moderation von Workshops der Baustufe 1: individuelle Modelle und Baustufe 2: gemeinsame Modelle. Baustufe 3: Systemmodelle werden nicht abgedeckt. Hierzu verweisen wir auf die Tipps auf Seite 125.

Dieses Buch ist vielmehr als ein Nachschlagewerk für Leute gedacht, die kürzlich in der Methode ausgebildet wurden (oder solche, deren Ausbildung bereits länger her ist, aber vieles wieder vergessen haben) und jetzt erstklassige, bis ins Detail geplante Workshops durchführen wollen.

Das Buch ist chronologisch aufgebaut und führt Sie durch alle Phasen eines Workshops: von der Planung und dem Skills Build über das Bauen individueller und gemeinsamer Modelle bis hin zur Ergebnisdokumentation und dem Abbau.

Den größten Raum nimmt Kapitel 6 über gemeinsame Modelle ein. Hier schließt das Buch also nahtlos an unser erstes Buch an. In Kapitel 8 stellen Absolventen ihre Geschichten vor und Kapitel 9 zeigt, was Sie tun können, um Ihr Wissen durch ein qualitativ hochwertigeres Zertifikat zu verbessern.

Einige der Techniken werden sehr detailliert vorgestellt. Andere, die gerne vergessen werden, werden nur angerissen oder in Erinnerung gerufen. Aber alle funktionieren, und wir hoffen, dass Sie viele davon in Ihren Werkzeugkasten integrieren werden, um für Ihre Kunden erstklassige Ergebnisse zu erzielen.

Kapitel 1

Die Planungsphase spielerisch meistern

#1. Der Erfolg definiert sich in der Vorbereitung

#2. Aufgaben klar formulieren und ausprobieren

#3. Darstellen, beschreiben oder charakterisieren?

#4. Reflexionsfragen vorab formulieren

#5. Inhalte abstimmen! Entwürfe testen!

#6. Workshop-Planung bei zeitlichen Beschränkungen

#7. Gruppengröße & Metamodelle

LEGO® Serious Play®-Vorbereitungsphase

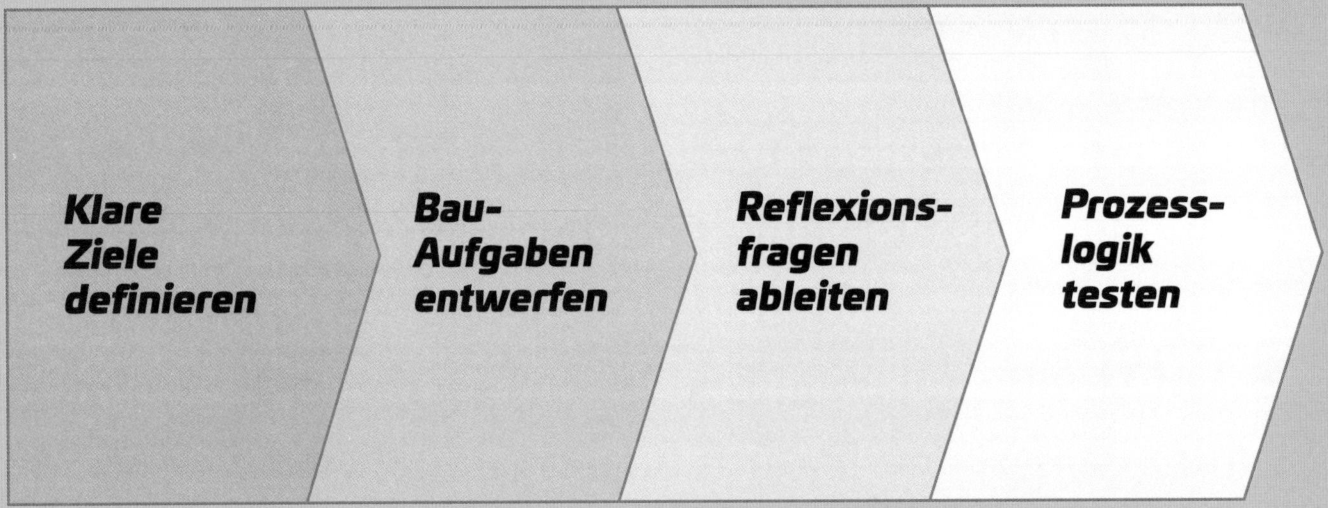

Klare Ziele definieren	**Bau-Aufgaben entwerfen**	**Reflexions-fragen ableiten**	**Prozess-logik testen**
Essenziell. Die Definition klarer Ziele ist der Schlüssel zum Erfolg.	Die Aufgaben müssen Antworten zum Ziel liefern.	Reflexionsfragen unterstützen die Teilnehmer in tiefergehenden Erkenntnissen und helfen, das Modell und dessen Bedeutung besser zu verstehen.	Dient der Überprüfung, ob Ziele, Aufgaben und Reflexions-fragen aufeinander abgestimmt sind. Vgl. Technik #5.

#1. Der Erfolg definiert sich in der Vorbereitung

Der größte Teil der Arbeit liegt zweifelsohne in der Vorbereitung eines LEGO® Serious Play®-Workshops. Hier liegt der Schlüssel zum Erfolg.

Planung und Vorbereitung sind die Schlüsselelemente jedes erfolgreichen und professionell moderierten Workshops. In dieser Phase wird festgelegt, was wann durchgeführt wird. Und der Erfolg definiert sich durch die Vorbereitung. Basta.

1. Der grundlegendste Teil jedes Workshops: die Definition der Ziele (vgl. Anhang #A1)

2. Entwurf von Aufgaben, die darin helfen, die Ziele zu erreichen (vgl. Techniken #2 und #3)

3. Ableiten von Reflexionsfragen, die der Gruppe neue Erkenntnisse liefern (vgl. Technik #4)

4. Prüfen, ob die Teile 1 bis 3 die gewünschten Ergebnisse liefern (vgl. Technik #5)

Der LEGO Serious Play-Moderatoren-Prozess 2016. Inzwischen wurde dieser wesentlich erweitert.

In unserem ersten Buch SERIOUSWORK haben wir Moderation als Werkzeug partizipativer Führung vorgestellt und in Kapitel 2 „Resultate statt Referate" haben Sie eine Logik, Methodenkarten und Werkzeuge an die Hand bekommen (vgl. Anhang #A1).

Seit 2016 haben wir unseren Planungsprozess substanziell verbessert und sprechen in der Vorbereitung nun von vier Schritten:

Wie die Schritte Ziele, Aufgaben und Reflexion aufeinander abgestimmt sind, sehen Sie an einem Beispiel-Workshop für eine Modemarke in Anhang #A2.

Wer LEGO Serious Play spielerisch meistert, ist ein Meister der Vorbereitung. Techniken hierzu werden in den Tipps #2 bis #7 vorgestellt.

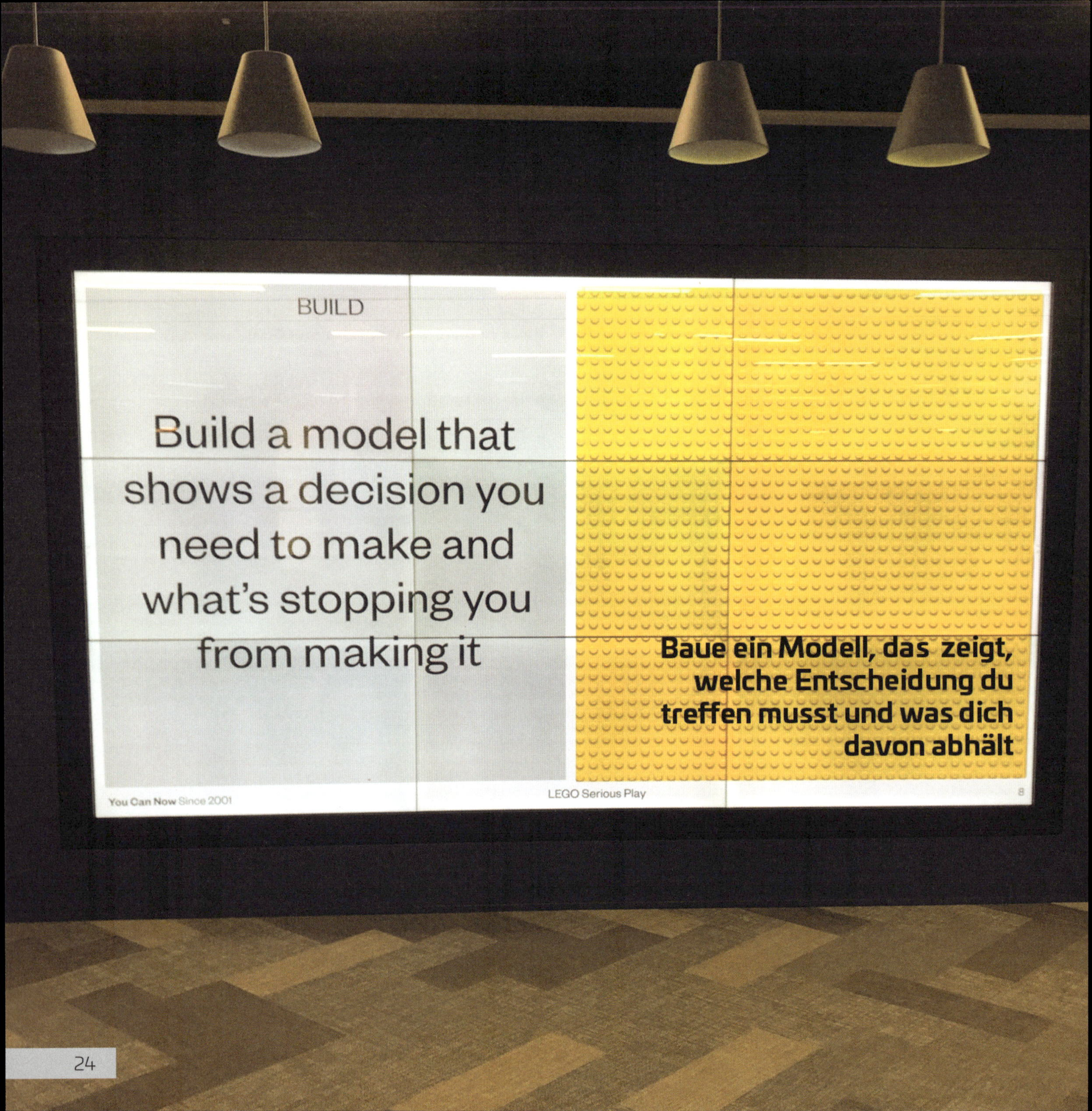

BUILD

Build a model that shows a decision you need to make and what's stopping you from making it

Baue ein Modell, das zeigt, welche Entscheidung du treffen musst und was dich davon abhält

You Can Now Since 2001

LEGO Serious Play

8

#2. Aufgaben klar formulieren und ausprobieren

Eine Bau-Aufgabe zu stellen, erscheint einfach – ist es aber nicht. Wer LEGO® Serious Play® spielerisch meistert, verfügt über die Kunst der perfekten Formulierung.

Schauen Sie sich die Aufgabe auf der anderen Seite einmal genauer an. Ist sie gut und klar formuliert oder doch eher verwirrend? Was werden die Teilnehmer wohl bauen?

Diese Frage wurde von einem weniger erfahrenen Trainer einer Gruppe so präsentiert. Er meinte danach: „Das hat irgendwie nicht richtig gezündet."

Das Hauptproblem: Es werden zwei Aufgaben in einer gestellt. Einige werden „Entscheidungen" bauen, andere „Hindernisse" und wieder andere beides. Solche Aufgaben zu stellen, ist nicht Goldstandard!

Die nächste Frage, die sich stellt: „Welchem Ziel dient diese Aufgabe?" Wenn das Ziel ist, Unentschiedenheit zu eruieren, muss die Aufgabe anders gestellt sein, als wenn das Ziel ist, eine Entscheidung zu treffen. Und speziell in diesem Beispiel ist nicht klar, worauf die Aufgabe abzielt.

Struktur: mit „Baue ein Modell" beginnen

BAUEN ist ein Verb. Und als Moderator fordern Sie von Ihren Teilnehmern, genau dieses zu tun: ein Modell bauen. Diese drei Worte sind daher der perfekte Start für die kommende Aktivität.

Aufgaben und ergänzende Erläuterungen

Lange Sätze können verwirren. Es ist sinnvoll, nach der Aufgabe ergänzende Erläuterungen zu geben.

Beispiel:

„Baue ein Modell, das unser Arbeitsleben darstellt, wenn wir eine Empfehlungsquote von 70% hätten."

Erläuterungen: Was würdest du feststellen? Woran würdest du das erkennen? Wie würde sich das anfühlen? Was würde dann passieren?

Viele meinen, eine Aufgabe wäre mühelos entstanden. Kleinste Änderungen in der Formulierung können jedoch zu signifikant anderen Ergebnissen führen.

Wer LEGO® Serious Play® spielerisch meistert, der steckt viel Mühe in die passende Formulierung!

Tipps:

Aufgaben mit „Baue ein Modell" beginnen.

Mehrere Aufgaben in einer vermeiden.

Verschiedene Formulierungen vorab testen.

Ergänzende Erläuterungen helfen, eine Aufgabe besser zu verstehen.

#3. Darstellen, beschreiben oder charakterisieren?

Was soll mit der Aufgabe bei den Teilnehmern geweckt werden? Gedanken und Gefühle oder die bildliche und figürliche Vorstellungskraft? Die Frage ist also: Geht es um Emotionen oder Ratio?

Bei der Formulierung der Aufgabe stehen wir als Moderatoren vor der Frage, ob wir auf die Intuition abzielen oder auf bildliche Darstellungen und realistischere Modelle.

Darstellen, beschreiben oder charakterisieren?

In Technik #2 haben wir empfohlen, dass eine Aufgabe immer mit „Baue ein Modell ..." beginnen sollte. Hierauf folgt ein Verb, wie z. B. „darstellen", „beschreiben" oder „charakterisieren", welches je nachdem einen nicht unerheblichen Einfluss auf Modell und Prozess hat.

Baue ein Modell, das ... darstellt führt zu einer bildhaften Beschreibung des Problems oder Themas.

„Baue ein Modell, das ein positives Führungsverhalten darstellt" ist eine Aufgabe mit eingeschränktem Fokus. Teilnehmer werden daher vermutlich Modelle von Verhaltensweisen, wie z. B. „zuhören", bauen.

Lautet die Aufgabe hingegen ***„Baue ein Modell, das den Flughafen der Zukunft darstellt"***, werden die Ergebnisse sehr viel bildhafter sein und in etwa dem entsprechen, wie Kinder mit LEGO Modelle bauen. Die Aufforderung ***„Baue ein Modell, das charakterisiert, wie sich Passagiere fühlen sollten, wenn sie den Flughafen verlassen"*** hingegen wird zu Modellen führen, die Emotionen ausdrücken. Check-in-Schalter wird man hier nicht finden.

„Baue ein Modell, das ... beschreibt" lädt Teilnehmer zu Erläuterungen oder zum Geschichtenerzählen ein.

„Baue ein Modell, das ... charakterisiert" fordert dazu auf, über die Vorstellung von einer Sache bzw. zu einem Thema zu sprechen.

Emotionen

Bei der Formulierung der passenden Aufgabe müssen wir uns überlegen, ob wir Emotionen in die Modelle und die anschließende Diskussion bringen wollen:

„Baue ein Modell, das beschreibt, was das Schönste war, das du jemals gesehen hast" oder ***„Baue ein Modell, das beschreibt, was dein Herz zum Strahlen bringt"*** sind Aufgaben, die auf die Gefühlsebene abzielen und daher auch einen empathischeren Moderationsstil erfordern.

Maßgeblich ist das Ziel des Workshops

Für welche Formulierung sollte man sich nun entscheiden? Die Antwort ist vom Ziel abhängig. Und das ist der Grund, warum es von elementarer Bedeutung ist, dieses vorher klar zu definieren.

Wichtig ist zu wissen, dass die kleinste Änderung an der Formulierung massive Auswirkungen auf die Modelle und die gewonnenen Erkenntnisse haben kann.

Reflexionsfragen: ein Spickzettel

Einen guten Ansatz für gelungene Reflexionsfragen bietet das ORID-Modell – einzeln oder in Kombination.

Die Abkürzung ORID steht für **O**bjective (zielführend), **R**eflective (reflektierend), **I**nterpretive (deutend) und **D**ecisional (entscheidend). Diese Technik[1] lässt sich für jede Art Workshop einsetzen, auch ohne LEGO®-Steine. Dieser Spickzettel liefert Musterfragen für jeden Fragetyp. Eine gute Reflexionsrunde kann alle 4 Typen beinhalten und so zu gemeinsamen Ergebnissen führen.

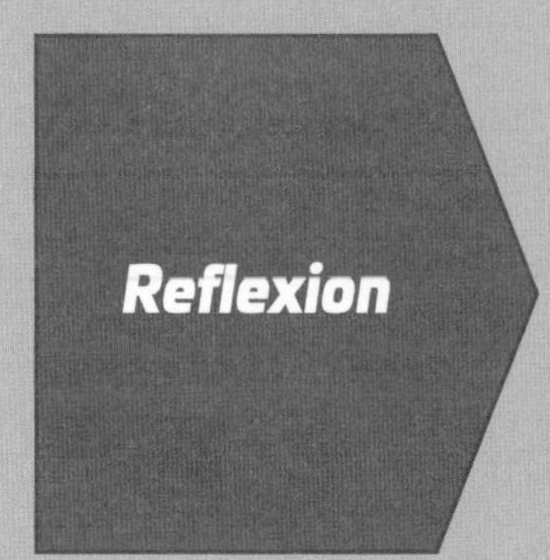

1. ZIELFÜHRENDE FRAGEN (OBJECTIVE)

Was konnten wir beobachten (in den Modellen) ?

Welche Aussagen stachen besonders hervor?

Was hat besondere Aufmerksamkeit erregt?

Welche Fakten waren erkennbar?

Welche Muster habt ihr erkannt?

2. REFLEKTIERENDE FRAGEN (REFLECTIVE)

Was denkt ihr über die präsentierten Fakten?

Was war das Interessante am gerade Gehörten?

Welche Bedenken habt ihr bezüglich des gerade Gehörten?

Was war inspirierend an dem gerade Gehörten?

Welche neuen Möglichkeiten ergeben sich jetzt?

3. DEUTENDE FRAGEN (INTERPRETIVE)

Was lässt sich erkennen, was vorher nicht sichtbar war?

Welche Empfehlungen ergeben sich?

Was scheint das zentrale Problem/die zentrale Frage/die zentrale Idee zu sein?

Welche Erkenntnisse kristallisieren sich heraus?

4. ENTSCHEIDENDE FRAGEN (DECISIONAL)

Welche Entscheidung ergibt sich hieraus?

Welche Schritte müssen jetzt gegangen werden?

Was bedeutet das konkret?

Was konnten Sie gerade für sich mitnehmen?

Joker-Frage: „Welche Frage sollten wir uns stellen, um über die Ergebnisse reflektieren zu können?“

[1] Das ORID-Modell wurde 1984 von Laura Spencer am Institute of Cultural Affairs entwickelt. Sie ist Co-Autorin des Buches Winning Through Participation (1989).

#4. Reflexionsfragen vorab formulieren

Die vierte Phase des LEGO® Serious Play®-Prozesses ist die Reflexionsphase. Das Ziel dabei ist, den vorangegangenen Schritten tiefere Bedeutung zu geben. Es geht also um das „Was nun?"

In den vergangenen Jahren haben wir die Reflexionsphase vermehrt schätzen gelernt und legen heute verstärkt Wert auf Vorbereitung und Moderation dieses Schrittes. War die Frage früher „Irgendwelche Ideen?", hat sich das grundlegend geändert.

Heute ist für uns die Reflexionsphase die wichtigste Phase im ganzen Prozess – und das ganz ohne Steine.

Dementsprechend bereiten wir Reflexionsfragen bereits in der Planungsphase vor und kalkulieren entsprechend mehr Zeit dafür ein. In der Regel lassen wir in der Bauphase die Reflexionsfrage bereits in die Einleitung und Hinführung einfließen. Somit weiß die Gruppe bereits, wohin die Reise gehen wird (vgl. #16).

Hier ein Beispiel aus einem Workshop mit 120 Führungskräften eines Modekonzerns: Die Firma setzt Whole Brain® Thinking (WBT) ein – ein Modell zur Denkstilanalyse mit dem Ziel einer effektiveren Führung und Zusammenarbeit. Alle Teilnehmer durchliefen vorab ein Assessment und ein Training mit einem WBT-Experten. Unser Ziel im Anschluss war:

Das Führungsteam hat für sich erarbeitet, wie es Whole Brain® Thinking einsetzen wird.

Die erste Aufgabe, die gestellt wurde, lautete:

Baue ein Modell, das beschreibt, was du tun kannst, um ein wirkungsvolles Teammitglied zu sein. Im Umgang mit anderen und insbesondere mit denen, die du nicht magst.

Nachdem die Teilnehmer ihre Antworten gebaut und geteilt hatten, folgten als Reflexionsfragen:

Was wirst du an deinem Verhalten ändern, jetzt wo du deine und die Whole Brain® Thinking-Merkmale der anderen kennst?

Was ist die größte Herausforderung für dich, um ein Bewusstsein für Whole Brain® Thinking zu entwickeln?

Solche Fragen lassen sich nicht während des Prozesses entwickeln. Die Qualität der Reflexionsfrage ist entscheidend dafür, dass die Teilnehmer die gestellte Aufgabe besser beantworten können.

Grundsätze für die Moderation des Prozesses

Nicht mehrere Reflexionsfragen gleichzeitig stellen.

Teilnehmern genügend Zeit zum Denken einräumen.

Teilen und Reflektieren nicht vermischen (vgl. #13).

Fragen formulieren, die das Ziel flankieren und es tiefergehend beleuchten.

Ein Negativbeispiel ... Dieses Vorgehen hat leider nicht funktioniert :(

ZIEL

Wir sind erfolgreiche LEGO SERIOUS PLAY-Fazilitatoren

AUFGABE

Baue ein Modell, das aussagt, was du tun wirst, um die Methode bekannt zu machen

REFLEXIONSFRAGE

Was würdet ihr vom jeweils anderen übernehmen wollen?

An diesem Beispiel eines unserer Trainees lässt sich erkennen, wie die gestellte Aufgabe am Ziel vorbeigeht. In der Ausbildung haben wir die Aufgabe dann neu formulieren lassen, und die Teilnehmer schlugen Folgendes vor:

v1: Baue ein Modell, das beschreibt, was du machen wirst, um ein erfolgreicher LSP-Fazilitator zu sein.

v2: Baue ein Modell, das die EINE Sache beschreibt, die du machen musst, um ein erfolgreicher Fazilitator zu sein.

Beide Aufgaben wurden im Anschluss durchgespielt.

v1 enthielt Aussagen wie „Steine kaufen“ – denn schließlich benötigt man diese!

v2 lieferte jedoch Aussagen, wie z. B. „Üben“, „Demo-Workshops leiten“ und „mit anderen Absolventen zusammenarbeiten“.

Manche Aufgabenstellungen führen also besser zum Ziel als andere. Dementsprechend muss die Reflexionsfrage auch an diesem ausgerichtet sein!

STIMMEN ZIELE <> AUFGABEN <> REFLEXION ÜBEREIN?

#5. Inhalte abstimmen! Entwürfe testen!

Stimmen Sie Ziele, Aufgaben und Reflexionsfragen aufeinander ab. Prüfen Sie, ob sich diese gegenseitig unterstützen!

Ein Element unserer Ausbildung besteht darin, die Teilnehmer einen Workshop planen zu lassen. Wir lassen sie ein Workshop-Ziel definieren und dann die passende Aufgabe und Reflexionsfrage formulieren.

Wir können regelmäßig feststellen, dass die Elemente nicht zueinander passen. Die Teilnehmer merken oft erst zu spät, dass die gebauten Modelle keine konkrete Antwort geben und nicht zum Ziel führen.

Schauen wir uns das am Beispiel an

Das Ziel, ein erfolgreicher LSP-Fazilitator zu sein, war durch den Fokus auf „sein" nicht gut formuliert. Treffender wäre z. B. gewesen: „Wir haben Maßnahmen **identifiziert**, die uns darin unterstützen, erfolgreiche LSP-Fazilitatoren zu sein".

Nachdem wir die Modelle genauer angeschaut hatten, wurde die Gruppe gefragt, ob das Ziel erreicht worden wäre. Tatsächlich zeigte sich, dass nur Ideen entstanden waren, um die Methode bekannter zu machen, aber keine, um „erfolgreiche LSP-Fazilitatoren zu sein".

Dieses kleine Beispiel verdeutlicht die Diskrepanz zwischen Ziel und Aufgabe. Gleichzeitig stellen wir in der Ausbildung oft fest, dass die Reflexionsfragen ebenfalls nicht zünden. Dabei sollen diese dazu beitragen, das Problem in aller Tiefe zu beleuchten.

Oftmals führen nicht Bauen und Teilen zum Ziel, sondern die Reflexionsphase im Anschluss daran ...

... aufgrund präzise gestellter Fragen, wie z. B.:

Wie zeichnet sich „erfolgreiche" LSP-Moderation aus?

Woran werdet ihr „Erfolg" erkennen?

Welche Maßnahmen wirst du morgen und im kommenden Monat umsetzen, um Erfolg zu haben?

Wer LEGO® Serious Play® spielerisch meistert, der achtet in der Planung darauf, dass 1.) die Ziele ausgerichtet sind, 2.) Aufgaben und Reflexionsfragen klar formuliert sind und 3.) sich diese Aspekte gegenseitig unterstützen. Das bedeutet:

1. Ziele so zu formulieren, dass der Kunde Ergebnisse bekommt, die sein Problem lösen.

2. Aufgaben so zu formulieren, dass eine Gruppe das Problem verstehen und beleuchten kann.

3. Reflexionsfragen vorzubereiten, die eine Gruppe darin unterstützen, ihre Ziele zu erreichen.

Bei der Vorbereitung wichtiger Workshops empfehlen wir, den Dreiklang von Ziel, Aufgabe und Reflexion an Unbeteiligten zu testen und sich das Feedback einzuholen, ob deren Meinung nach alles darauf abzielt, das Ziel zu erreichen und somit das Problem zu lösen.

Wann ist Arbeit mit LEGO® LEGO® Serious Play®?

Es spricht nichts dagegen, LEGO-Steine als Energizer oder Icebreaker einzusetzen. Dennoch sollte Klarheit darüber bestehen, wann es sich bei einer Intervention um LEGO® SERIOUS PLAY® handelt. Grundsätzlich sind wir der Meinung, dass jede Aktivität von unter einer Stunde Dauer nicht LEGO® SERIOUS PLAY® sein kann.

#6. Workshop-Planung bei zeitlichen Beschränkungen

Ein Teambuilding ist nicht in 1 Stunde machbar und 100 Personen können in 90 Minuten keine gemeinsame Vision bauen (Anfragen dazu gab es!). **Jeder Moderator muss mit zeitlichen Limitierungen umgehen, und auch wenn viele Kunden vernünftige Vorstellungen haben, gibt es leider auch andere.**

Eine der Schlüsselqualifikationen eines LEGO® Serious Play®-Fazilitators ist die Workshop-Planung. Und mit steigender Erfahrung steigt auch die Fähigkeit, mit zeitlichen Restriktionen umzugehen.

Unser kürzester Workshop dauerte 55 Minuten: ein Baustufe 1-Workshop, in dem sich HR-Manager mit verschiedenen Führungsstrukturen sowie mit LEGO® Serious Play® befassen sollten. Der längste umfasste 3 Tage und beinhaltete auch Elemente, die nichts mit LEGO® Serious Play® zu tun hatten.

Ist ein LEGO® Serious Play®-Workshop in einer Stunde durchführbar?

Ja. ABER: Es kommt natürlich darauf an, um was es geht. In einer Stunde mit Vorständen eine gemeinsame Vision entwickeln? **Nicht möglich!** Mit einer Gruppe den Grundstein legen, um ein einfaches Thema zu beleuchten? Absolut!

Die Schwierigkeit liegt in der richtigen Balance zwischen der Zeit für das Skills Build und der für die inhaltliche Arbeit. Mit ausreichender (!) Erfahrung lassen sich das technische und das metaphorische Skills Build in 20 Minuten durchführen. Somit verbleibt genug Zeit, um das eigentliche Thema durch „individuelle Modelle“ oder ein schnelles „gemeinsames Modell“ zu beleuchten.

In Anhang #3 ist das Drehbuch eines einstündigen Workshops abgedruckt. Dieser wurde an einem Tag 6-mal mit 36 Personen durchgeführt. Jedoch muss man sagen, dass am Ende solcher Sessions die Teilnehmer lediglich einen Vorgeschmack von dem bekommen, was LEGO Serious Play ist und was es kann.

Dieses Drehbuch soll KEINE Fürsprache für Kurz-Workshops darstellen, sondern zeigen, dass wir aufgrund unserer Erfahrung und Leidenschaft solche Workshops erfolgreich moderieren können.

Die Moderation größerer Gruppen erfordert mehr Erfahrung, eine größere Präsenz (vgl. #24), eine sehr gute Präsentation mit Timern und einem Alarm, der anzeigt, wenn der Countdown abgelaufen ist.

Unser Rat: ausprobieren! Zunächst in einfachen Workshops, um zu testen, wie zügig Sie das Skills Build moderieren können und so immer besser zu werden.

Aber: Sagen Sie auch „Nein“ bei unrealistischen Vorstellungen (so wie wir auch!). Wichtige und „high-stake“-Workshops brauchen einfach ihre Zeit!

#7. Gruppengröße & Metamodelle

In der klassischen LEGO® Serious Play®-Ausbildung wird einem beigebracht, dass 12 die maximale Gruppengröße sei. Dabei sind 12 sowohl zu viele als auch zu wenige Teilnehmer.

Das Problem mit 12 Personen

Bei Workshops mit mehr als 12 Teilnehmern teilen wir die Teilnehmer in der Regel auf mehrere Tische auf. Die Idealbesetzung liegt unserer Meinung nach bei 8 Personen.

Bei Gruppen von 12 oder gar mehr als 12 Personen an einem Tisch ergeben sich zwei Probleme. Das erste ist die Zeit für das Storytelling, die jeder nach dem Bauen benötigt. Wenn jeder nur 2 Minuten redet, beträgt die benötigte Zeit für diese Phase 24 Minuten. Bei anschließender Diskussion sogar länger.

Große Gruppen kommen entsprechend langsamer voran als kleinere Gruppen, wobei die Aufmerksamkeit der Teilnehmer durchaus abdriften kann. Das zweite Problem ist, dass die kleinen Modelle vom anderen Ende des Tisches nicht mehr erkannt werden können.

Mehr als 12 Personen

Leiten wir Gruppen von z. B. 18 Personen an, so erfolgt das in 3 Tischgruppen zu je 6 Personen. Durch diese Aufteilung in Kleingruppen macht es letztlich keinen Unterschied, ob man 50 oder 500 Personen anleitet (unsere größte Zahl an Tischen betrug 64, besetzt mit je 8 Personen).

Bei großen Gruppen mit z. B. 100 Teilnehmern ist das Moderieren von Workshops der Baustufe 1: individuelle Modelle recht einfach. Das Erstellen eines gemeinsamen Modelles erfordert in diesem Fall allerdings mehr Intervention seitens des Moderators, da man die Tischgruppen anders einbeziehen muss.

Metamodelle

Angenommen, Sie moderieren einen Workshop, in dem 40 Personen eine gemeinsame Teamvision erstellen sollen. In dem Fall empfiehlt es sich, das Meeting in 6 Tischgruppen aufzuteilen, wobei jede ein gemeinsames Modell erstellt und dies mit der „LEGO-Cam" (vgl. #31) im Plenum für alle sichtbar vorstellt.

An diese Einheit sollte sich das Mittagessen oder zumindest eine lange Pause anschließen. Ein bis zwei Repräsentanten der jeweiligen Tischgruppe erstellen in dieser Unterbrechung dann das Metamodell als Ergebnis aus 6 der gemeinsamen Modelle. Dieses Metamodell wird nach der Pause den übrigen Teilnehmern vorgestellt und ggf. angepasst und modifiziert.

Das Foto auf der gegenüberliegenden Seite zeigt ein Team des Flughafens Luton, mit dem der beschriebene Workshop durchgeführt wurde.

Kapitel 2

Das Skills Build spielerisch meistern

#8. Technisches Skills Build: Fokus auf Technik!

#9. Technische Skills über Hacks vermitteln

#10. Zum Einstieg: ein Stein – viele Bedeutungen

#11. Die Aufmerksamkeit weiter steigern

#12. Zeigen & beschreiben: der Zeigestab

#13. Erst teilen, dann reflektieren

LEGO SERIOUS PLAY Skills Build
1. Technische Skills

Aufgabe:

Verbinde die Steine auf eine für Dich vollkommen neue Art und Weise. Zeige mindestens zwei Verbindungen, die Du so noch nie gemacht hast.

Nutze nur die schwarze Bodenplatte, gelbe und grüne Steine. Schließe mit einem Kopf, einer Fahne oder einer Blume ab

Baue das Modell eines Turms.

1 Min. Zeit

#8. Technisches Skills Build: Fokus auf Technik!

Die erste Übung des „Skills Build" hat zum Ziel, den Teilnehmern Vertrauen im Umgang mit LEGO®-Steinen zu vermitteln. Der Fokus liegt daher auf den verschiedenen Arten, Steine zu verbinden – nicht auf den Türmen oder Enten.

Eine Frage die sich jeder LEGO® Serious Play®-Fazilitator stellt, ist die nach der Länge des Skills Build. Manch anderer erfahrener Trainer ist der Auffassung, dass es bis zu 90 Minuten bedarf und dass man die Zeit in einem 2- bis 3-Tages-Workshop nutzen sollte, um die technischen Fertigkeiten durch eine „Baue nach Anleitung"-Übung zu entwickeln.

Die Regel sind allerdings kürzere Workshops, in denen nicht die Zeit ist, eine Stunde oder mehr mit den Phasen des klassischen LEGO® Serious Play®-Skills Build zu verbringen. Und trotzdem sollen die Teil- nehmer lernen, auf welch vielfältige Weise sich die Steine verbinden lassen.

Die Erfahrung aus Tausenden von Workshops hat uns die klassische „Baue einen Turm"-Aufgabe so verbessern lassen, dass sie den Fokus auf technische Fähigkeiten legt. Entsprechend wird die Frage auch auf dieses Ziel hin formuliert:

„Verbinde die Steine auf eine vollkommen neue Weise ... Zeige mindestens zwei Verbindungen, die du so noch nie gemacht hast."

Anstatt nur einen Turm zu bauen, wird die Aufgabe so formuliert, dass sie den Turm zwar nutzt, aber nur, um die verschiedenen Steine und Verbindungsmöglichkeiten kennenzulernen.

Gleichzeitig steigt das Niveau für diejenigen, die bereits recht fit im Umgang mit den Steinen sind.

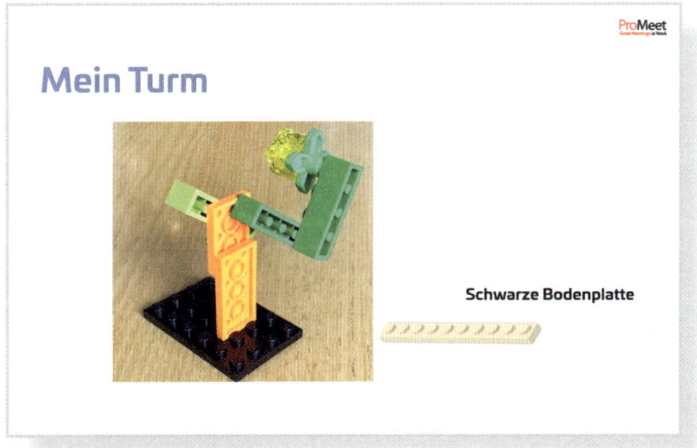

Stellen Sie die verschiedenen Verbindungsarten vor, wenn jeder seinen Turm beschrieben hat. Daran schließen Sie eine Reflexionsrunde an: „Welche neuen Verbindungen haben wir soeben gesehen?"

Im Rahmen dieses verkürzten technischen Skills Build sagen Sie den Teilnehmern, dass Sie jetzt und später für „technische Hilfe" zur Verfügung stehen.

Es bietet sich übrigens an, hier die Vorstellungen der „Hacks" anzuschließen (vgl. #9).

#9. Technische Skills über Hacks vermitteln

Viele nützliche und auf den ersten Blick nicht offensichtliche Verbindungen lassen sich weder im verkürzten Skills Build oder durch „Bauen nach Anleitung“ erlernen.

Daher stellen wir hier drei weitere Varianten vor, um den Teilnehmern weitere Techniken zu vermitteln, die Steine anders zu verbinden.

Hacks live bauen

Dazu werden vom Moderator solche Hacks nachgebaut, die den Teilnehmern von Nutzen sein könnten. Dazu werden einfach die verfügbaren Steine genutzt. Entweder „Steinesuppe“ (gemischte Steine in der Tischmitte) oder die des Landscape & Identity Kits.

Das Ganze dauert ca. 5 Minuten, und wenn Sie Ihr Material sortiert haben, kann das mit einer Vorstellung verbunden werden.

Folien mit Hacks präsentieren

Bei größeren Gruppen ist eine Live-Demonstration nicht immer möglich. Eine Alternative sind Präsentationsfolien. Zur Vertiefung können die Teilnehmer die Hacks mit den Steinen auf ihren Tischen nachbauen.

Baue einen „Hack“

Dazu wird jedem Teilnehmer ein Foto eines Hacks ausgeteilt (vgl. Fotos auf der gegenüberliegenden Seite), das diese dann nachbauen sollen. Jeder teilt sein Modell, in dem er den Hack beschreibt.

Von den Teilnehmern lernen

Wann immer ein Teilnehmer eine Verbindung macht, die wir nicht kennen, machen wir ein Foto und laden es in unserem geschlossenen Absolventenbereich hoch.

So ist beispielsweise die Idee, die Füße eines Skeletts zu nutzen, um den roten Verbinder zu befestigen, auf eine Idee eines Teilnehmers zurückzuführen.

LEGO® SERIOUS PLAY®

#10. Metaphern: ein Stein – viele Bedeutungen

Zu vermitteln, wie Steine als Metaphern genutzt werden können, ist essenzieller Bestandteil jedes LEGO® Serious Play®-Skills Build. Ein Vorgehensmodell haben wir detailliert in unserem ersten Buch SERIOUSWORK vorgestellt (vgl. dazu auch Anhang #A4).

Als Einführung: ein Stein – viele Bedeutungen

Diese Übung eignet sich besonders für den Einstieg in Metaphern und ist die Grundlage für das Spiel „Was ist das?", bestehend aus 5 Steinen.

Das metaphorische Skills Build ist das wichtigste Skills Build überhaupt. Die Gruppe lernt dabei nicht nur, sich gegenseitig zuzuhören (vgl. #11), sondern befreit sich auch von dem Gedanken, nicht „kreativ genug im Umgang mit LEGO" zu sein (d. h. der Angst, tolle Modelle bauen zu müssen).

Über Jahre haben wir Leute daran scheitern sehen, wenn sie ein Modell erklären und die Steine dabei als Metaphern nutzen sollten.

Stellen Sie daher zunächst klar, dass es in diesem Skills Build darum geht zu lernen, wie man Steine als Metaphern nutzt. Dann legen Sie einen einzelnen Stein in die Tischmitte (bzw. zeigen Sie bei großen Gruppen eine Präsentation) und fragen einen Teilnehmer, für was dieser Stein alles stehen könnte.

Danach gehen Sie reihum und bitten jeden Einzelnen, dem Stein eine andere Bedeutung zu geben.

Dabei nutzen Sie einen Zeigestab, um auf den Stein zu deuten (vgl. #12). So trimmen Sie die Gruppe darauf, die Geschichte des Modells zu erzählen.

In ganz wenigen Fällen kommt es vor, dass jemand sagt: „ein weißer Stein". Die passende Antwort hierauf ist, dass es sich dabei um eine bildliche Beschreibung handelt. Eine metaphorische wäre „Wolke", „Eiswürfel" oder „Gedanke".

Diese Übung dauert insgesamt nur wenige Minuten und macht das anschließende Spiel „Was ist das?" sehr viel einfacher (für eine ausführliche Beschreibung vgl. SERIOUSWORK, S. 45 und 106, sowie Anhang #A4 in diesem Buch).

Wiederholung einbauen

Es empfiehlt sich, nachdem ca. die Hälfte der Teilnehmer an der Reihe war, eine Wiederholung einzubauen, in der die Gruppe befragt wird, ob sie sich an die Bedeutung der einzelnen Steine erinnern kann.

Wie man sehen kann, ist das durchaus unterhaltsam.

FACILITATION FUNDAMENTALS
> You'll enable 3 modes of communication
> You'll help participants tell the story of the
> You'll establish
with the eyes as
> You'll
curiosity
SERIOUS PLAY
AS METAPHORS
bricks in a

#11. Die Aufmerksamkeit weiter steigern

In normalen Workshops ist es normal, dass die Aufmerksamkeitsspanne gering ist oder Leute nicht zuhören. Nicht so bei einem LEGO® Serious Play®-Workshop: Die Aufmerksamkeit ist durch das Teilen der Geschichten gegeben. Diese lässt sich jedoch weiter steigern, indem Sie Einzelne das bisher Gesagte oder eine Bedeutung wiederholen lassen. So ist jeder voll dabei und hört zu.

Dieses Vorgehen funktioniert am besten in der Kombination mit dem „Zeigestab" (vgl. #12).

Diese Technik ist fester Bestandteil des zweiten Skills Build – Steine als Metaphern.

Angenommen, jemand hat ein einfaches Modell aus 3 oder 4 Steinen gebaut und soll nun damit den Begriff „Raumfahrt" erklären. Der orangefarbene Stein wäre z. B. der Antrieb, der weiße das Mannschaftsquartier und der schräge der Kontrollraum.

Jetzt bittet man um das Modell und sagt zu der Person, die eben gesprochen hat: „Mal sehen, ob alle aufmerksam zugehört haben." Mit dem Zeigestab deutet man auf einen der Steine und fragt einen Teilnehmer, ob der sich erinnern kann. Selbiges wiederholt man dann mit den übrigen Steinen.

Achten Sie bei diesem Vorgehen auf das Gruppenklima! Ist das Vertrauen in einem Team gering, ist es nicht ratsam, eine Person ins Rampenlicht zu stellen. Gleiches gilt für einen Workshop, der die Zusammenarbeit verbessern soll. Bitten Sie hier die Gruppe als Gesamtes nach einer Wiederholung.

Halten Sie die Spannung und variieren Sie die Wiederholung!

Nachdem jemand sein Modell vorgestellt hat, können Sie die Wiederholung wie folgt durchführen:

1. Geben Sie das Modell an jemand anders und bitten Sie ihn, die Bedeutung des Modells in wenigen Worten zu wiederholen.

2. Lassen Sie sich das Modell geben und fragen Sie abwechselnd nach der Bedeutung jedes Elements.

3. Nachdem mehrere Modelle vorgestellt wurden, nehmen Sie den Zeigestab (#12) und ein Modell. Fragen Sie nach der Bedeutung eines Elements. Nehmen Sie ein anderes Modell und wiederholen Sie das Ganze usw.

Durch diese Variationen lassen sich Geschwindigkeit und Energie hochhalten. So bleiben die Teilnehmer am Ball und interessiert.

Je früher diese Technik im Workshop eingesetzt wird, desto besser zahlt es sich später aus. Denn das Bauen eines gemeinsamen Modells ist schwer, wenn sich die Teilnehmer nicht an die Bedeutung der anderen Modelle erinnern können. Je früher Sie die Aufmerksamkeit steigern können, desto besser.

Tap! Tap!

#12. Zeigen & beschreiben: der Zeigestab

LEGO® Serious Play® nutzt drei Arten der Kommunikation: visuell, auditiv und kinästhetisch. Wir Menschen sind allerdings so auf das Verbale (Auditive) getrimmt, und wir sehen oft – insbesondere bei gemeinsamen Modellen –, dass Teilnehmer nur herumstehen und reden, wobei keine Interaktion mit den Modellen stattfindet.

Diese Technik eignet sich besonders für diejenigen, die dazu neigen, sehr viel zu reden ...

Reden und reden und reden ... – die Nachteile

In der Regel wird in Meetings nicht darauf geachtet, **wie die anderen zuhören**. Ein guter Moderator wird jedoch **sowohl** auf den Inhalt achten **als auch** darauf, dass die Teilnehmer zuhören.

In zigtausend Stunden konnten wir beobachten, was passiert, wenn jemand, der gerade an der Reihe ist, über alles redet, nur nicht über das, was wirklich im Modell steckt.

Das Ergebnis dieses stundenlangen Geschwafels ist, dass die anderen Teilnehmer abschalten und wegdriften – also nicht mehr voll bei der Sache sind.

Gegen dieses weite Ausholen hilft, den Teilnehmern einen Zeigestab, bestehend aus einem langen LEGO-Stein (wie z. B. dem abgebildeten), in die Hand zu drücken und sie darum zu bitten, das Gesagte in ihrem Modell genau zu zeigen und zu beschreiben.

Wie lässt sich die Geschichte des Modells besser erzählen? Durch Zeigen und Beschreiben.

Lassen Sie Ihre Teilnehmer mit dem Zeigestab die Teile im Modell berühren, die sie gerade erklären, und zwar so, dass man ein „Tap, Tap" hören kann.

Das ist auch das Besondere an dem Bild auf der gegenüberliegenden Seite: Man kann die Aufmerksamkeit aller erkennen. Neil (2. v. l.) moderiert und Paul (links) erzählt die Geschichte des Modells.

Während seiner Erzählung zeigt und berührt er das gemeinsame Modell. Dadurch wird erreicht, dass jeder zuhört – und zwar mit den Augen und den Ohren.

Mit dem Zeigestab lassen sich durch Zeigen und Beschreiben das Zuhören und Einprägen erheblich verbessern.

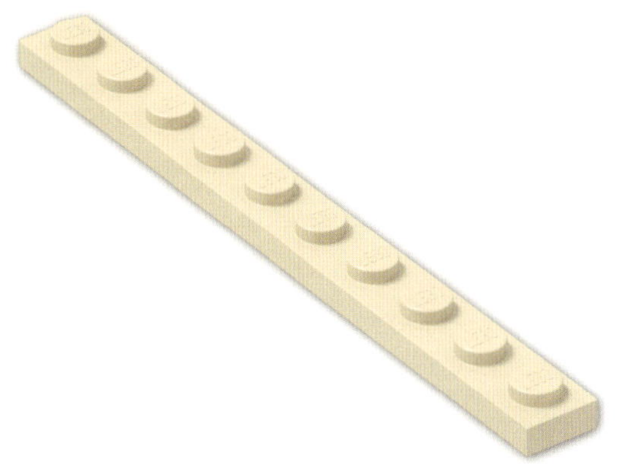

Challenge
Build
Share
Reflect
Feedback
Learning Points
Additional stages in training only
LEGO
Our LEGO® SERIOUS PLAY® Core Process
SERIOUSWORK
Challenge
Build
Share
Reflect

#13. Erst teilen, dann reflektieren

Technik #1 befasst sich mit den vier Phasen der Methode. Ein Fallstrick, den es zu vermeiden gilt, ist, Teilen und Reflektieren miteinander zu vermischen. Moderatoren sind Prozessbegleiter und die Gruppe muss das Ziel im Bewusstsein behalten. So schaffen wir es, sie zum Ziel zu führen.

In den ersten beiden Phasen des LEGO® Serious Play®-Kernprozesses[1] (AUFGABE > BAUEN) ist es ein Leichtes, den Teilnehmerfokus auf den eigentlichen Inhalt zu legen. Oft kommt es jedoch vor, dass TEILEN und REFLEKTIEREN miteinander vermischt werden.

Diese sind aber zwei separate Phasen und sollten auch als solche betrachtet werden!

Zunächst: Teilen der Geschichten

Diese Phase dient dazu, dass die Teilnehmer ihr gebautes Modell beschreiben. Gleichzeitig wecken Sie deren Neugierde, indem Sie zu gezieltem Nachfragen zur Bedeutung einzelner Elemente anregen und so keinen Raum für Interpretationen lassen.

Wer mit der LEGO® Serious Play®-Etikette[2] vertraut ist, weiß, dass „es keine falschen Antworten" gibt. Daher gilt, (Vor-)Urteile seitens der Teilnehmer zu vermeiden.

Die Formulierung „hat jemand Fragen zum Modell" bietet sich an, um tiefere Bedeutungen herauszufinden.

1. Vgl. LEGO Serious Play-Kernprozess in Technik #1
2. Vgl. Anhang #A5 für einen Auszug aus SERIOUSWORK

Konzentrieren Sie sich während des Teilens darauf, dass die Gruppe ihren Fokus auf die Bedeutung der Modelle legt. Die Reflexionsphase nutzen Sie dann, um zu tieferen Erkenntnissen zu gelangen.

Kommt es während der Phase des Teilens dazu, dass das Gespräch einen reflektiven Charakter annimmt, haben diejenigen, die bis dato ihr Modell nicht vorstellen konnten, keine Gelegenheit, Bestandteil einer Gesamtbetrachtung zu werden.

Wenn das passiert, bittet man die Person, die den Gedanken einbringt, kurz innezuhalten und diesen später zu platzieren.

Denn dreht sich das Gespräch zu früh um die Reflexion, hat das Einfluss auf das, was diejenigen sagen werden, die noch nicht an der Reihe waren.

Dann: gemeinsame Reflexion aller Eindrücke

Erst wenn jeder Teilnehmer die Geschichte seines Modells vorgestellt hat, ist es an der Zeit, sich mit den einzelnen Bedeutungen auseinanderzusetzen und sich hinsichtlich der Auswirkungen auf das Ziel Gedanken zu machen. Vgl. #4 zu Tipps für die Reflexionsphase sowie einem „Spickzettel".

Kapitel 3

Die Aufgaben spielerisch meistern

#14. Bei der Aufgabe bleiben

#15. Vergewissern, ob die Aufgabe klar ist

#14. Bei der Aufgabe bleiben

Jetzt haben Sie viel Zeit und Energie investiert, um die perfekte Aufgabe zu finden und zu formulieren – und dann, während des Workshops, stellen Sie sie auf einmal ganz anders ...

Diesen Fehler können wir häufig beobachten, sowohl in unseren Ausbildungen als auch bei Kollegen.

Dabei ist es eigentlich ganz einfach: Lesen Sie die Worte genauso vor, wie sie auf dem Flipchart oder auf der Folie stehen. Haben Sie keine visuellen Helfer, dann stellen Sie die Aufgabe exakt so, wie Sie sie in Ihrem Drehbuch vermerkt haben.

Sean Blair, wie er gerade eine Aufgabe vorliest

Bleiben Sie auch beim erneuten Vorlesen der Aufgabe nach der Hälfte der Zeit (was übrigens Best Practice ist) bei der exakten Formulierung.

#15. Ist die Aufgabe klar?

Der Rahmen ist gesteckt, einleitende Worte gefunden und die Aufgabe gestellt. Stellen Sie sicher, dass diese auch von allen verstanden wurde.

Das mag offensichtlich klingen, aber Sie wären überrascht, wie häufig dies vergessen wird. Und wenn nicht, sollte nicht nur drei Millisekunden gewartet werden, bevor Sie loslegen lassen.

Eine gute Einladung zum Nachfragen bietet der folgende Satz:

„Vielleicht war die Aufgabe nicht ganz eindeutig. Stellen Sie also bitte Verständnisfragen. Das hilft uns allen."

Danach ist es wichtig, zum Nachdenken einzuräumen, die Körpersprache zu lesen und diejenigen zu ermutigen, denen eine Frage auf der Zunge liegt.

„Gib mir ein Zeichen"

Will man wissen, ob wirklich alle Zweifel beseitigt sind, kann man mit der Gruppe vereinbaren, Ihnen ein Zeichen zu geben. Das kann z. B. das Zeigen von Fingern sein, wobei fünf Finger bedeuten „alles klar" und vier Finger „eine Frage hab' ich da noch". Diese Art der nonverbalen Kommunikation erlaubt jedem, seine Verständnisfragen zu stellen.

Kapitel 4

Die Bauphase spielerisch meistern

#16. Den Rahmen durch die Reflexionsfrage setzen

#17. Musik abspielen

#18. Die Zeit im Auge behalten

#16. Den Rahmen durch die Reflexionsfrage setzen

Der amerikanische Wissenschaftler Bill Torbert[1] hat ein Modell entwickelt, das Kommunikation in vier Phasen unterteilt:

Framing: den Grund oder den Zweck für die Zusammenkunft darlegen.

Advocating: eine Meinung, Überzeugung, einen Vorschlag oder ein Gefühl ausdrücken.

Illustrating: den Hintergrund des Ausgedrückten erläutern.

Inquiring: Fragen nach der Meinung anderer stellen.

Sind diese vier Phasen in Balance, spricht man von gelungener Kommunikation, ist jemand in den Phasen gefangen, von schlechter.

Ist das Framing, also der Rahmen, der in einem Meeting gesetzt wird, schlecht, dann wissen die Teilnehmer nicht, welchem Zweck das Ganze dient.

Wer LEGO® Serious Play® spielerisch beherrscht, der ist sich der Bedeutung dieser vier Phasen bewusst und kann eine Gruppe in der Zielfindung unterstützen, indem das Teilen durch die vorbereiteten Reflexionsfragen eingeleitet wird (vgl. #4).

So wird der Gruppe ein Kontext vorgegeben. Sie kennt den Zweck der Unterhaltung und weiß, wohin die Einheit führen soll.

[1] Torbert's 4 Parts of Speech from Personal and Organizational Transformation; Fisher, Rooke & Torbert (2000).

Beispiel

Dieses Beispiel entspricht dem aus Technik #2. Vor dem Teilen der Geschichten wurde der Gruppe Folgendes gesagt:

„Nachdem ihr Modelle gebaut habt, die das Arbeitsleben bei einer Empfehlungsquote von 70 % darstellen, werden wir drei Fragen beantworten:

F1. Welche Ideen sprechen dich an?

F2. Wie würde es sich für dich anfühlen, in einem solchen Team zu arbeiten?

F3. Welche Veränderungen ergeben sich hieraus? Was müsstet ihr tun, um einen besseren Kundenservice zu bieten?"

Die Teilnehmer kannten im Vorfeld den Zweck der Aufgabe und konnten so eine zielgerichtete Diskussion darüber führen (unter Anwendung des ORID-Frameworks, vgl. #4), wie sie ihre Empfehlungsquote verbessern können.

LEGO® SERIOUS PLAY®

#17. Musik abspielen

Die Aufgabe ist gestellt und die Teilnehmer sind mit Bauen beschäftigt. Jetzt ist die Zeit reif für ein wenig Musik.

Während die Gruppe baut, lassen wir gerne Musik laufen. Es hilft den Teilnehmern, sich zu konzentrieren und hält sie davon ab, sich nebenher zu unterhalten.

Bei einem Zeitfenster von 3 bis 5 Minuten (vgl. #18) sind Leute, die während des Bauens miteinander reden, störend für den Rest und für den Prozess.

Die Playlist sorgsam zusammenstellen

Die Zusammenstellung der eigenen Playlist erfordert Sorgfalt und Geschick. Musik ist Geschmackssache und das falsche Stück kann die Teilnehmer leicht vom Bauen ablenken. Beruhigende Fahrstuhl- oder Hintergrundmusik ist genauso unpassend wie Gangster-Rap. Wählen Sie stattdessen instrumentale Stücke, die in Tempo und Thema zur Aufgabe passen und achten Sie auf eine gleichbleibende Lautstärke der Stücke.

Kulturelle Überlegungen

Ob ein Lied geeignet ist, ist abhängig vom Kulturkreis. „Uptown Funk" z. B. lässt sich mit seinem Tempo und seiner Energie vielfach einsetzen. In Abu Dhabi könnte der Text jedoch als unangemessen betrachtet werden.

Während wir für einen Workshop mit einer hippen Schuhmarke exzentrischere Musik von The Clash, Leftfield und Sub Focus genutzt haben, kann diese für andere Unternehmenskulturen unpassend sein.

Lautstärke

Die Lautstärke sollte so gewählt sein, dass sie Leute von Unterhaltungen abhält, man als Moderator aber noch gut verstanden wird, wenn man die Aufgabenstellung wiederholt, über die verbleibende Zeit informiert und technische Hilfestellung anbietet.

Technische Überlegungen

Eine gute App für das Abspielen von Musik ist „Vox". Sie erlaubt einen Countdown für jeden Titel sowie Audio-Wellenformen. Wählen Sie Titel, die von ihrer Dauer ungefähr der Bauzeit entsprechen. Musik und App lassen sich so als Timer nutzen. Bei kleineren Workshops reicht es aus, das Smartphone mit einem Bluetooth-Lautsprecher zu koppeln. Bei größeren bietet es sich an, die Musik direkt in die Präsentation einzubauen und sie automatisch starten zu lassen.

Abschließend: Es kommt immer wieder vor, dass einzelne Teilnehmer Musik während des Bauens störend finden und sich nicht auf die Aufgabe konzentrieren können. Klären Sie daher vorab, ob es Okay ist, Musik zu spielen.

LEGO® SERIOUS PLAY®
1. You'll enable three modes of enhanced communication
2. You'll help participants tell the story of the model
3. You'll establish listening with eyes as the norm
4. You'll encourage
about the models

#18. Die Zeit im Auge behalten

In unserer Ausbildung vermitteln wir Zeitmanagement als eine Kunst – man muss den Prozess treiben, ohne in Hast zu verfallen.

Zum Einstieg eine kleine Anekdote: Der Moderator einer Breakout-Session war hinter seinem Zeitplan bzw. hinter dem, was er meinte, wo die Gruppe bereits sein sollte.

Er wurde zunehmend ärgerlicher, was sich in seinen verzweifelten Anweisungen und der dauernden Betonung, wie wenig Zeit zur Verfügung stünde, widerspiegelte. Dabei ließ er vollkommen außer Acht, dass inzwischen er den meisten Raum einnahm und sich die Gruppe mehr mit der Zeit als mit dem eigentlichen Thema befasste.

Dieses Negativbeispiel zeigt, wie es nicht sein soll.

Mit diesen Tipps lässt sich das Zeitmanagement spielerisch meistern:

verbleibende Zeit nicht als Anweisung geben

Verzichten Sie darauf, die verbleibende Zeit in Form einer Anweisung zu geben: „noch 60 Sekunden" (oder noch schlimmer: „noch 10 Sekunden").

Dieses Vorgehen führt bei den Teilnehmern zu Panik. Es raubt ihnen die Konzentration, sie verfallen in Hektik und machen schlimmstenfalls in der Eile aus Versehen ihr Modell kaputt.

Stattdessen …

Wiederholen Sie nach der Hälfte der Zeit die Aufgabe (wie auf Flipchart/Folie/Drehbuch notiert) und stellen Sie die Frage: ***„Braucht jemand noch eine Minute?"*** oder ***„Die Hälfte der Zeit ist rum … braucht jemand noch etwas mehr Zeit?"***

Dann passen Sie die verbleibende Zeit, abhängig von der Antwort der Gruppe, an.

Wenn die letzte Minute angebrochen ist, sagen Sie : ***„Braucht jemand noch eine Minute?"*** und ***„Wer mit dem Bauen fertig ist, bringt bitte sein Modell an den Tisch, sodass wir es gut sehen können."***

Soll das Bauen beendet werden …

„Bitte setzt euren letzten Stein und bringt das Modell an den Tisch." Geben Sie Ihren Teilnehmern zu viel Zeit, werden sie RIESIGE Modelle bauen.

Wir beziehen uns selbst hierbei häufig auf das Skills-Build-Spiel „Was ist das?" (vgl. SERIOUSWORK, S. 106, bzw. Anhang #A4. Skills) und sagen: ***„Wer das Universum mit 5 Steinen erklären kann, kann auch seine Gedanken wiedergeben, auch wenn sich das Modell vielleicht noch unvollständig anfühlt."***

Drei bis vier Minuten sind für die meisten Aufgaben vollkommen ausreichend. Und ein Zeitmanagement über Fragen anstelle von Ansagen wird die Gruppe ruhiger und produktiver werden lassen.

Kapitel 5

Das Storytelling spielerisch meistern – individuelle Modelle

#19. Wer beginnt? Neugierde wecken von Anfang an!

#20. Die Aufgabe wiederholen

#21. Ermutigen, Fragen zum Modell zu stellen

#22. Wiederholen lassen – NICHT wiederholen!

#23. Vorurteils- und wertungsfreie Fragen stellen

Sie ermöglichen die drei Arten der Kommunikation.

Sie unterstützen Teilnehmer darin, Modelle beschreiben zu können.

Sie erklären das Zuhören mit den Augen zur Norm.

Sie wecken Neugierde für die Bedeutung der Modelle.

#19. Wer fängt an? Neugierde wecken von Anfang an!

Die Modelle sind gebau, und jetzt werden die jeweiligen Geschichten geteilt. Aber wer soll beginnen?

Zuvor aber eine kleine Wiederholung der LEGO® Serious Play®-Moderatonsgrundlagen auf der gegenüberliegenden Seite. Diese vier Prinzipien müssen wir durch unsere Moderation erreichen.

Das vierte Prinzip „Neugierde wecken für die Bedeutung" lässt sich gut als Einstieg in das Storytelling nutzen (vgl. den Prolog, in dem dies vorgestellt wurde).

In der Ausbildung fragen unsere Teilnehmer häufig: „Wer möchte anfangen?" Darauf folgt in der Regel ein Moment der Stille, in dem die Gruppe verlegen auf dem Stuhl sitzt und darauf wartet, dass jemand als Erstes den Mund aufmacht.

Um dies zu umgehen, raten wir den neuen Moderatoren, Neugierde zu zeugen und das Modell zu wählen, welches sie am ehesten anspricht. Dazu lässt man zunächst seinen Blick schweifen und sucht sich das Modell heraus, das einen interessiert und sagt:

„Franz, dein Modell macht mich neugierig. Wärst du bitte so nett und beginnst als Erster, die Geschichte zu erzählen?"

Dieser kleine Unterschied hat eine große Auswirkung. So bringt es Neugierde in den Prozess. Als Moderatoren wollen wir erreichen, dass die Gruppe Interesse an den Modellen der anderen zeigt. Das können wir erreichen, indem wir das gewünschte Verhalten vormachen.

„Welches Modell interessiert dich?"

Hat die erste Person die Geschichte ihres Modells erzählt, nutzen Sie dessen Neugierde, um den Nächsten an der Reihe zu bestimmen:

„Danke, Franz. Bitte schau dich kurz um und sag uns, wessen Modell dich interessiert. Reiche ihr bitte den Zeigestab."

Dadurch, dass die Teilnehmer selbst entscheiden, wer als Nächstes an die Reihe kommt, muss man als Moderator nicht darauf achten, ob alle geteilt haben. Die Gruppe steuert sich in dem Fall selbst.

Vorteile für den Moderator und die Gruppe

Dieses Vorgehen folgt nicht nur der vierten Moderationsgrundlage, sondern gibt dem Moderator Raum, sich auf die Gruppendynamik zu konzentrieren, den Inhalt oder auf die kommende Einheit.

Des Weiteren bekommt die Gruppe Kontrolle über den Prozess, in der der Moderator als Begleiter auftritt.

Build a model to
show what
attracts you to
LSP?
WIFI

#20. Die Aufgabe wiederholen

Unterhaltungen neigen dazu abzuschweifen. Es ist vollkommen normal, dass die Themen wechseln, sobald sich Leute einem Gespräch anschließen. In einem moderierten LEGO® Serious Play®-Workshop jedoch sollen alle Meinungen zu einem Thema gehört werden.

Eine einfache Methode, dafür zu sorgen, dass die Gruppe beim Thema zu bleibt, ist die Aufgabe zu wiederholen, bevor jemand Neues die Geschichte seines Modelles erzählt.

So wie z. B. Paris auf dem Bild auf der gegenüberliegenden Seite (in dem Moment, in dem das Foto gemacht wurde, führte sie grade eine Verständnisrunde durch). Die Aufgabenstellung ist auf dem orangefarbenen Post-it zu erkennen.

Paris folgte der vorgestellten Logik und leitete jedes Storytelling mit dem folgenden Satz ein:

„Marco, erzähle uns bitte, was dich an LEGO Serious Play fasziniert. Erzähl uns die Geschichte deines Modells."

Nachdem Maco seine Geschichte beendet hatte, nutzte Paris Technik #19 und bat ihn darum, seine Neugierde zu nutzen, um den nächsten Teilnehmer auszuwählen, der seine Geschichte erzählen sollte.

Auch hier leitete sie mit den Worten ein:

„Jenny, bitte erzähl uns die Geschichte deines Modells: Was fasziniert dich an LEGO Serious Play?"

Und schließlich:

„Billy, bitte erzähle uns, was dich an LEGO Serious Play fasziniert."

Man muss sich nicht sklavisch an dieses Vorgehen halten und die Frage zwanghaft und betont wiederholen. Mit kleinen Variationen und in Kombination mit Technik #14 unterstützt das Wiederholen der Aufgabe die Gruppe jedoch darin, beim Thema zu bleiben und Abschweifungen zu vermeiden.

Frühzeitig im Workshop einsetzen

Es zahlt sich im späteren Prozess aus, z. B. im Bauen eines gemeinsamen Modells, dieses Vorgehen frühzeitig im Workshop einzuführen. Dazu bietet sich z. B. das dritte Skills Build an: Storytelling.

Gerade beim gemeinsamen Modell passiert es oft, dass die Geschichte abschweift. Vgl. dazu auch Technik #33 inkl. eines Beispiels.

SERIOUS WORK
® SERIOUS PLAY® Etiquette
A facilitator sets the question/challenge, time lines & guides the process.
Your LEGO model is your answer to the question/challenge.
There are no wrong answers.
Think with your hands. Trust your hands.
Tell the story of the model.
Listen with your eyes, as well as your ears.
Everyone builds, everyone tells.

#21. Ermutigen, Fragen zum Modell zu stellen

Die LEGO® Serious Play®-Etikette sagt aus, dass die Antwort auf die Aufgabe im Modell steckt und dass es keine falschen Antworten gibt.

Wenn der Moderator nach dem Teilen der Geschichte eines Modells jedoch die Frage stellt

„Was denkt ihr über das Modell von Tom?",

wird die Gruppe dazu verleitet sein, über das Modell zu urteilen und es zu bewerten. So kann passieren, was wir vermeiden wollen: Es entsteht eine „negative" Wertung. Einer der Vorzüge von LEGO® Serious Play® ist jedoch, dass es durch die spielerische Natur eine positive Grundstimmung schafft.

Als Moderatoren müssen wir unsere Sprache sorgfältig wählen, um unbeabsichtigte Wertungen und Konflikte zu vermeiden.

Wir behaupten nicht, dass LEGO® Serious Play®-Workshops „Kuschelveranstaltungen" sein sollten. Im Gegenteil: So kann z. B. das Ergebnis eines gemeinsamen Modells sein, dass es keine Übereinkunft gibt (vgl. #36).

Der Standard sollte also vielmehr sein, beim individuellen Modell Fragen zum Modell zu stellen.

Wertung durch Fokus auf das Modell vermeiden

Geeignet dazu sind Fragen wie z. B.:

„Danke für deine Geschichte. Hat jemand Fragen zu Toms Modell?"

Achten Sie darauf, Teilen und Reflektieren nicht miteinander zu vermischen (vgl. #4).

Das Ziel des „Teilens" ist zu verstehen, was der Erbauer beabsichtigt hat – nicht, was die anderen Teilnehmer vermuten, was er beabsichtigt haben könnte!

Gerade deshalb ist es wichtig, Neugierde über die präsentierten Modelle zu befeuern. Gezieltes Nachfragen nach der Bedeutung einzelner Elemente ist hervorragend dazu geeignet, mehr über die jeweiligen Absichten herauszufinden.

Die Fragen der anderen als Erstes

Geben Sie der Gruppe Kontrolle über den Prozess und ermutigen Sie sie, Fragen zu den Modellen zu stellen, während Sie den Prozess moderieren. Erst wenn noch Fragen offengeblieben sind, die den Teilnehmern ein tieferes Verständnis geben könnten, ist es an Ihnen, Fragen zu stellen.

#22. Wiederholen lassen – NICHT wiederholen!

Die Wiederholung stellt sicher, dass jeder die Bedeutung der anderen Modelle kennt. Das ist besonders von Bedeutung als Vorbereitung für ein gemeinsames Modell.

Wiederholung, Trainer-like

Zum Einstieg eine kleine Geschichte, die sich so während einer Ausbildung in Abu Dhabi zutrug: Unser Trainingsansatz ist praxisbasiert. D. h. sobald wir einen Schritt gezeigt haben, übernehmen die Teilnehmer die Moderation. So auch Mike, der bis dahin einen erstklassigen Prozess moderiert hatte.

Zum Abschluss wiederholte er die Bedeutungen der einzelnen Modelle und lag auch zu 85% richtig. Jedoch ging er über die Dinge hinweg, an die er sich nicht erinnern konnte, und man konnte beobachten, wie zwei Teilnehmer das Interesse verloren.

An diesem Beispiel zeigt sich der Unterschied zwischen einem Trainer und einem Moderator. Mike war ein guter und erfahrener Trainer. Er hat das Zepter übernommen, um der Gruppe zu zeigen, wie gut er sich alles behalten konnte.

Die Wiederholung selbst durchführen, dabei Elemente vergessen und sehen, wie Leute abdriften – das Beispiel zeigt auch deshalb einen Aha-Moment, weil ein Moderator die Wiederholung ganz anders begleiten würde.

Besser: Wiederholung, Moderator-like

Um ein gemeinsames Verständnis zu schaffen, wählen Sie, nachdem jeder seine Geschichte vorgestellt hat, ein Modell aus. Nehmen Sie den Zeigestab, berühren Sie ein Element (vielleicht sogar eines, dessen Inhalt Sie selbst nicht mehr wissen) und fragen Sie die Gruppe (nicht den Erbauer) nach der Bedeutung.

Dann fragen Sie: „Finden wir diesen Punkt auch in anderen Modellen?“ Ist dies der Fall, lassen Sie die Gruppe mit dem Zeigestab auf das Element zeigen.

Führen Sie den Schritt mit einem anderen Modell erneut durch. So schafft es die Gruppe durch Moderation und mithilfe der Modelle, gemeinsame Muster zu erkennen.

Die nächste Frage ist: „Gibt es Inhalte, die nur einmal genannt wurden?“

Auch in diesem Schritt sollten die Teilnehmer den Zeigestab nutzen und jedes Element benennen. Nutzen Sie Technik #27, wenn eine Bedeutung unklar ist. Das Ziel sollte sein, dass jeder die Bedeutung der Elemente der anderen kennt und verstanden hat.

Die Aufgabe eines Moderators ist es, die Unterhaltung der Gruppe zu steuern und darin zu begleiten, Erkenntnisse zu gewinnen, nicht, sein Wissen zu demonstrieren.

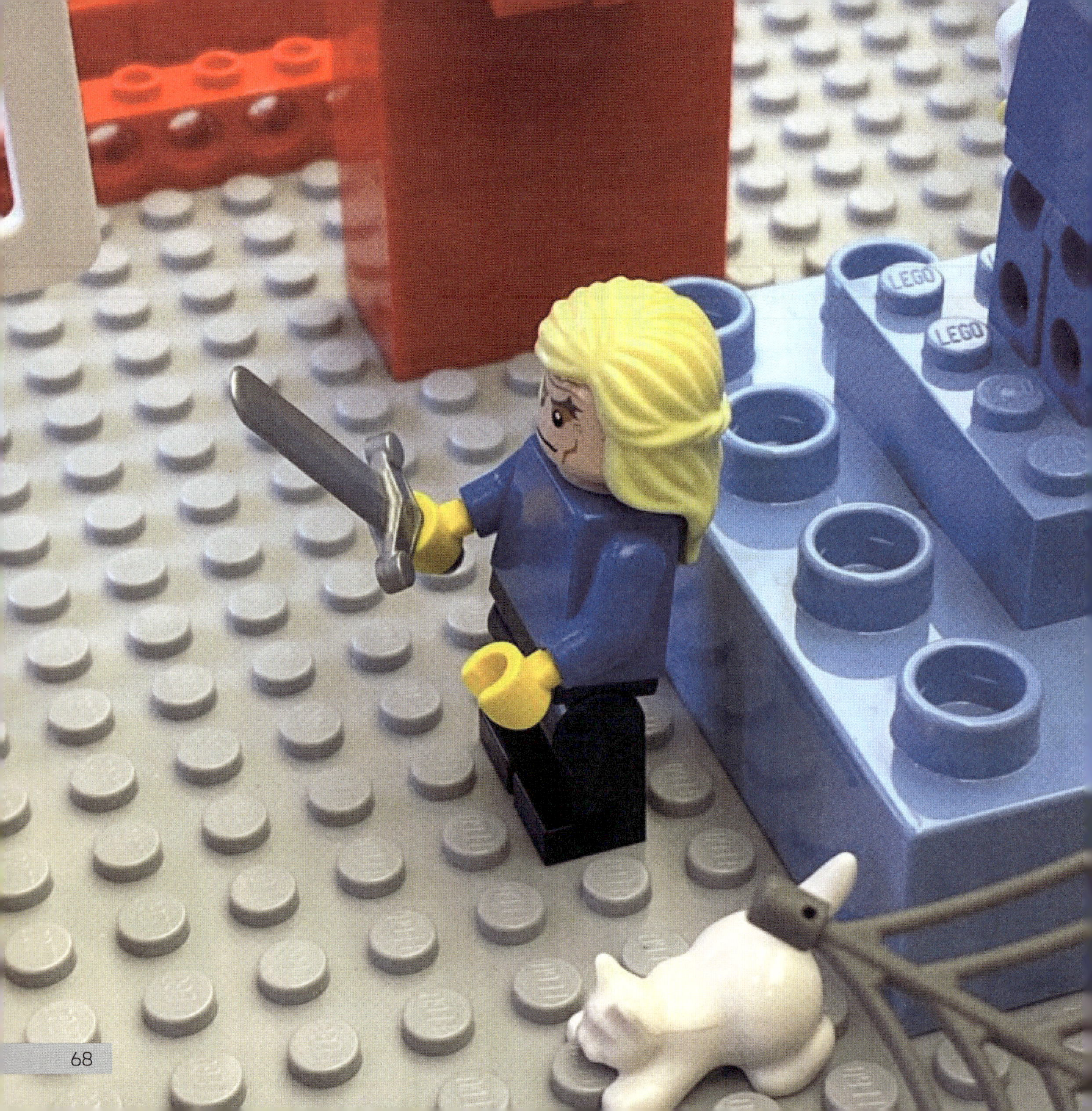
LEGO
LEGO

#23. Vorurteils- und wertungsfreie Fragen stellen

Fragen können versteckte Meinungen sein. Ein Beispiel gefällig? „Hey, GRUFTI, wolltest du wirklich, dass das wie ein Zombie aussieht?"

Es ist leicht erkennbar, dass es sich um keine Frage, sondern eine Meinung in Form einer Frage handelt.

Als Moderatoren müssen wir darauf achten, dass weder wir noch die Teilnehmer Fragen stellen, die eigentlich versteckte Meinungen und Wertungen sind.

Das ist auch der Grund, warum wir Fragen zum Modell stellen (#21). Denn diese Frageform verleitet nicht zu heimlichen Urteilen und Bewertungen.

„Clean language" und die beiden „Lazy Jedi"-Fragen

Bei „Clean language" handelt es sich um ein Modell, das vom Psychologen David Grove entwickelt wurde und das Fragen nutzt, die frei von Annahmen, Vorurteilen oder Wertungen sind.

Zwei Fragen aus diesem Modell sollte jeder Moderator in seinem Repertoire haben. Im Englischen werden sie auch als die beiden „Lazy Jedi" Fragen bezeichnet:

„Und welche Art von [X] ist dieses [X]?"

„Und gibt es da noch etwas über [X]?"

In jedem Frageprozess sollten zunächst die Teilnehmer an die Reihe kommen und Fragen zum Modell stellen – der Moderator begleitet den Prozess lediglich. Sofern eigene Fragen dem zusätzlichen Erkenntnisgewinn dienen, empfiehlt sich hierfür die „Clean language".

Zum Beispiel beschrieb der Erbauer des Modells auf der gegenüberliegenden Seite die Minifigur® mit Schwert als einen „verärgerten Kunden".

Die übrigen Teilnehmer fragen vielleicht danach, ob das verzerrte Gesicht oder die Frisur etwas bedeuten oder warum der Mann ein Schwert hält. Sind die Fragen ausgegangen und sollten Sie als Moderator der Meinung sein, es gibt noch mehr aus dem Modell herauszuholen, so können Sie folgende Frage stellen:

„Und welche Art von Ärger ist dieser Ärger?"

Wollen Sie nach der Antwort dann noch tiefer gehen, lautet die zu stellende Frage:

„Und gibt es da noch etwas über den Ärger?"

Mit jeder Frage, die gestellt wird, lässt sich die tiefere Bedeutung in den Modellen herausfinden.

Kapitel 6

Das gemeinsame Modell spielerisch meistern

#24. Das richtige Maß an Präsenz zeigen

#25. Das gemeinsame Modell – Vorbereitung

#26. Energie steigern – Zugang ermöglichen

#27. Gemeinsames Verständnis schaffen

#28. Auf einfache und klare Bedeutung achten

#29. Wesentliche Aussagen markieren

#30. Hand anlegen: „Zeig's mir im Modell!"

#31. Die Vorteile einer „LEGO®-Cam"

#32. Fragen, Zweifel und Vorbehalte adressieren

#33. Abschweifungen vermeiden

#34. Zum abgestimmten Modell gelangen

#35. Das abgestimmte Modell weiter verbessern

#36. Besser ein echtes Nein als ein falsches Ja

#37. Gemeinsame Modelle als Input für Größeres

ProMeet
Objective
To understand who and what
Digital Engineering is today - your current identity
(NOT what you might be / become)
SAMSUNG

Gemeinsame Modelle – Einführung

Die Moderation gemeinsamer Modelle ist sehr viel schwerer als von individuellen Modellen, und die Gruppe benötigt zusätzliche Fähigkeiten. Sie muss in einem simultanen Prozess ein Modell bauen, eine gemeinsame Bedeutung finden und sich gleichzeitig untereinander austauschen.

Die Teilnehmer müssen sich daran gewöhnen, die eigenen Elemente und die der anderen auf der Bodenplatte zu bewegen. Es erfordert zudem ein hohes Maß an Konzentration, sich an die Bedeutung aller Elemente zu erinnern.

Während das gemeinsame Modell entsteht, kommt es oft vor, dass jemand Änderungen am Modell vornehmen möchte ... ohne sie aber letztlich zu machen. Daher fordern wir in unseren Workshops die Teilnehmer permanent dazu auf, Veränderungen und Anpassungen direkt am Modell durchzuführen.

Unser erstes Buch SERIOUSWORK befasst sich hauptsächlich mit Baustufe 1. Auch dieses Buch hat nicht zum Ziel, ein Leitfaden für die Moderation gemeinsamer Modelle zu sein. Es hat sich aber gezeigt, dass die vorgestellten Techniken eine gute Hilfestellung für die Moderation gemeinsamer Modelle sein können. Wie im Prolog erwähnt, gehen wir davon aus, dass Sie in der Methode LEGO® Serious Play® ausgebildet sind. Dies ist kein „How-to"-Buch, sondern soll Ihnen lediglich den nötigen Feinschliff geben und Sie in Ihren Workshops unterstützen.

Ein häufig gemachter Fehler ...

Vor dem gemeinsamen Modell stehen immer individuelle Modelle. In diesen markieren die Teilnehmer ihr Element mit der wichtigsten Kernaussage. Ein Fehler, der oft auch von erfahrenen Moderatoren gemacht wird, ist, dass die Gruppe die markierten Elemente gleichzeitig und ohne Austausch miteinander auf eine große Platte stellen soll. Dies ist ein schlechter Einstieg in ein gemeinsames Modell, denn sind die Teile erst mal auf der Platte, stehen sie dort wie festgetackert und werden nicht mehr bewegt. Das Bauen eines gemeinsamen Modells ist jedoch ein verbaler und physischer Prozess!

Gemeinsame Modelle meistern – Prozessübersicht

1. Sicherstellen, dass die Gruppe ein Verständnis über die individuellen Modelle hat (#27 & #28).

2. Regeln für den Bau definieren (#25).

3. Sich zurückhalten ... und dennoch intervenieren, wenn die Unterhaltung überwiegt (#24 & #30).

4. Die Gruppe beim Thema halten (#33).

5. Das Gespräch vom Modell leiten lassen (#25).

6. Ablehnung/Fragen/Einwände zulassen (#32).

7. Das Modell entsprechend anpassen.

8. Auf ECHTEN Konsens abzielen (#34, #35 & #36).

LEARNING POINTS

#24. Das richtige Maß an Präsenz zeigen

Bevor wir mit dem Bauen eines gemeinsamen Modells beginnen, ist es an der Zeit, sich über das richtige Maß an Präsenz des Moderators Gedanken zu machen.

Gute Moderatoren wissen, wann sie „unsichtbar" sein müssen, sich also zurücknehmen, und wann sie „sichtbar" sein müssen, also intervenieren.

Jeder Workshop hat Phasen, in denen der Moderator das Sagen haben und bestimmt auftreten sollte, um die volle Aufmerksamkeit der Gruppe zu haben. Das ist z. B. dann der Fall, wenn Übungen eingeleitet werden oder sich die Gruppe nach Pausen einfindet.

Gleichzeitig gibt es Momente, in denen es für den Prozess am besten ist, wenn der Moderator sich komplett zurückhält und schweigt. So lässt man der Gruppe den Raum, den sie benötigt, um die Workshop-Ziele zu erreichen.

In unseren Ausbildungen haben wir beides gesehen: Leute, die zu dominant waren oder aber zu passiv.

Zu dominante Moderation

Ist die Moderation zu dominant, nimmt der Moderator zu viel Raum ein, unterbricht die Teilnehmer, gibt zu viele Anweisungen oder ist gar der dominierende Part beim Bauen des gemeinsamen Modells. Dieses Verhalten ist oft auf mangelnde Selbstreflexion zurückzuführen. Diese Moderatoren sind sich oft der Kraft ihrer Stimme, ihrer Präsenz und ihrer Wirkung auf die Gruppe nicht bewusst.

Zu passive Moderation

Ist die Moderation zu zurückhaltend, fühlt sich eine Gruppe verloren. Sie weiß nicht, was sie tun soll und an welcher Stelle sie sich im Prozess befindet. Die Energie lässt nach und einige driften ab. Auch hier ist der Grund oft eine mangelnde Selbstreflexion. Der Moderator ist sich nicht sicher, ob er intervenieren soll oder nicht.

Ein langer Weg zur Selbsterkenntnis

Es gibt keine Patentlösung, um die richtige Balance zu finden. Authentizität (#44), Rückfragen und Feedback sind aber ein guter Weg zu Selbstreflexion und Selbstvertrauen. Grundsätzlich sollte man sich des eigenen Auftretens bewusst sein, die eigene Wirkung auf die Gruppe beobachten und Interventionen nicht von der eigenen Unsicherheit steuern lassen, sondern von den Bedürfnissen der Gruppe. Zu passive oder zu dominantes Auftreten sind keine reinen Probleme beim Bauen des gemeinsamen Modells, die Auswirkungen sind hier aber deutlicher als im individuellen Modell.

Seien Sie offen zu sich selbst! Notieren Sie sich Ihre Unsicherheiten, um sich Ihr Verhalten während des Workshops stets vor Augen rufen zu können.

Wodurch zeichnet sich ein gelungenes gemeinsames Modell aus?

Logik, Ausgewogenheit, Ästhetik, Sorgfalt

Ordnung
Mitte, Ränder und Quadranten haben eine Bedeutung

Aufgeräumt
Es wird nicht ALLES hineingestopft.

Klarheit ... führt zu...

... gemeinsamen Verständnis

Minimalistisch
Nur wesentliche Elemente

@promeetings

Gemeinsames Modell: wichtig zu wissen

Ein gemeinsames Modell entsteht durch die Kombination von **wesentlichen Elementen** aus den individuellen Modellen.

Ihr **sollt und dürft** die Elemente der anderen **berühren** und **bewegen**.

Gemeinsames Modell > 2 Regeln

1. **Nur ein Gespräch gleichzeitig.**
2. **Das Gespräch wird durch das Modell geführt. Das heißt:**

- Es redet NUR, wer ein Element des Modells berührt/bewegt
- Reden-und-bauen-und-korrigieren
- Bei der Aufgabe geht es ums Bauen, nicht ums Reden
- Verantwortung übernehmen: Dinge hinzufügen/bewegen
- Anderen erlauben, eigenes Element zu berühren/bewegen

#25. Das gemeinsame Modell – Vorbereitung

Das Bauen individueller Modelle ist abgeschlossen, jeder hat die Geschichte seines Modells geteilt und in der Reflexionsrunde wurden Muster sichtbar. Als Nächstes folgt das gemeinsame Modell.

Um ein gemeinsames Modell zu bauen, benötigen die Teilnehmer spezielle Fähigkeiten und Kenntnisse. Mit guter Moderation führen Sie die Gruppe durch ein Skills Build für ein gemeinsames Modell **und** zu sinnvollen Schlussfolgerungen.

Beispiele liefern

Geben Sie Ihren Teilnehmern ein Beispiel von dem, was Sie erreichen wollen. Dazu bietet sich ein Foto an, wie z. B. das auf der gegenüberliegenden Seite. So lernen die Teilnehmer, dass sich ein gemeinsames Modell dadurch auszeichnet, dass es nicht überfrachtet ist, sondern aufgeräumt und durchdacht. Diese Klarheit unterstützt die Gruppe im gemeinsamen Verständnis.

Erklären, wie ein gemeinsames Modell entsteht

Ein gemeinsames Modell entsteht durch Kombination wesentlicher Elemente der individuellen Modelle. Ermutigen Sie die Teilnehmer dazu, die Elemente der anderen anzufassen und zu bewegen.

Auf zwei Regeln festlegen

Für den Prozess gibt es zwei hilfreiche Regeln. Die erste lautet: nur ein Gespräch gleichzeitig.

Regel Nr. 2: Das Gespräch wird durch das Modell geführt: Es gibt fünf verschiedene Arten, um das Gleiche zu sagen (vgl. S. 74 rechts unten).

Ein wichtiges Modell? Aufwärmrunde einbauen!

Handelt es sich um einen wichtigen Workshop (d. h. einen, in den der Kunde Herzblut gesteckt hat), empfiehlt es sich, ein Modell zum „Aufwärmen" zu bauen. Dazu wählt man eine Aufgabe, die zwar dem Gesamtziel dient, bei der es sich aber nicht um die Hauptaufgabe handelt. Für dieses ist die Gruppe dann viel besser vorbereitet.

Lautet das Oberziel z. B. „eine gemeinsame Vision schaffen", baut man zunächst ein gemeinsames Modell des Zustandes heute und baut dann das gemeinsame Modell der Vision.

Bei diesem Vorgehen handelt es sich quasi um eine Art Skills Build, bei dem es unerheblich ist, wenn das erste Modell nicht perfekt ist. Die Teilnehmer lernen allerdings sowohl etwas über den notwendigen Wandel als auch über den Prozess des Bauens.

Beispielvideos zeigen

In manchen Fällen und Workshop-Situationen ist es hilfreich, ein Video eines gemeinsamen Modells vorzuführen, um einer Gruppe zu demonstrieren, wohin der Prozess führen wird.

A
B
C
D
GO® SERIOUS PLAY®

#26. Energie steigern, Zugang ermöglichen

Schon bei 8 bis 10 Teilnehmern ist es ratsam, einen Raum zu nutzen, der wesentlich größer ist, als es bei normalen Workshops der Fall wäre.

So kann man den Raum in drei Zonen aufteilen. Eine mit Stühlen zum Arbeiten, eine mit Tischen für Steine und eine mit Tischen ohne Stühle für das Bauen des gemeinsamen Modells[1].

Sofern die Teilnehmer nicht schon den ganzen Tag standen oder schlecht auf den Beinen sind, sollte das gemeinsame Modell stets im Stehen erstellt werden.

Dieser Aufbau ist z. B. auf Abbildung A links zu erkennen. Stehen führt dazu, dass sich die Teilnehmer am Prozess beteiligen und sich auf die Aufgabe konzentrieren. Gleichzeitig lädt es dazu ein, sich besser in den Prozess einzubringen. Stühle hingegen vermitteln Passivität.

„Steinesuppe“ und das gemeinsame Modell

Größere Gruppen sowie kürzere Workshops arbeiten am besten mit gemischten Steinen, sogenannter "Steinesuppe“. Jede Gruppe aus 6 bis 8 Teilnehmern hat ca. 1 kg davon zur Verfügung (vgl. Abbildungen B – D).

1. Für weitere Beispiele separater Tische für das Bauen des gemeinsamen Modells vgl. S. 44, 64 und 78.

Beim Bauen des gemeinsamen Modells wird dieser Mix so an die Seiten geschoben, dass ein leerer Platz in der Mitte entsteht.

Die Bodenplatte für jeden zugänglich machen

Wenn wir uns Abbildung D genauer ansehen, ist erkennbar, dass die Person auf der unteren linken Seite keinen freien Zugang zum gemeinsamen Modell hat. So wird sie vom Teilnehmer zum Zuschauer degradiert.

Auch dieses Beispiel stammt von einem unserer Teilnehmer in der Ausbildung. Indem er die Platte auf eine Seite des Tisches legte, verhinderte er, dass alle das Modell berühren konnten, und hat so einige Teilnehmer vom Prozess abgeschnitten.

Die eigene Perspektive wechseln

Immer dann, wenn wir in die Knie gingen, um besser zuhören zu können, konnten wir feststellen, dass die Teilnehmer ebenfalls die Ebene wechselten, auf der die Geschichte des Modells entsteht. So wird ebenfalls eine nonverbale Kommunikation unterstützt.

Die Teilnehmerperspektive wechseln

Das wird am besten dadurch erreicht, indem man die Teilnehmer bittet, die Plätze rund um den Tisch zu tauschen, oder das Modell um 180 Grad dreht.

#27. Gemeinsames Verständnis schaffen

Wurde die Baustufe 1 „individuelle Modelle" entsprechend gut moderiert, sollte die Gruppe in der Lage sein, die Bedeutung jedes einzelnen Elements in den Modellen der anderen akkurat zu beschreiben und wiederzugeben. In diesem Fall kann man die hier vorgestellte Technik getrost überspringen.

Allerdings liegt es in der menschlichen Natur, dass die Beschreibungen nicht immer eindeutig (vgl. #28) oder die Teilnehmer nicht immer bei der Sache sind.

Vor dem Bauen des gemeinsamen Modells muss man also damit rechnen, dass die Teilnehmer einzelne Bedeutungen vergessen haben.

Haben die Teilnehmer aber Erinnerungslücken oder kennen die Bedeutung nicht, wird das Bauen eines gemeinsamen Modells ein schwieriges Unterfangen.

Deswegen ist die Rekapitulation so wichtig

Zunächst handelt es sich beim Rekapitulieren um einen konvergierenden Prozess, in dem man versucht, eine einfache, klare und gemeinsame Bedeutung eines Elements in wenigen Worten zu finden.

Bei der Wiederholung sollte es sich um eine spaßige, energiegeladene Aktivität handeln, die die Teilnehmer jedes Element erinnern lässt. In unserer Laufbahn haben wir langsame, einschläfernde Rekapitulationen erlebt mit negativen Auswirkungen auf die Energie der Gruppe. Das Ziel sind also kurze, prägnante Beschreibungen in drei bis vier Worten.

Memory

Eine Möglichkeit, dieses Recap sowohl schnell als auch spaßig durchzuführen, ist eine Art Memory-Spiel. Dies lässt sich in Teilen auch in Tipp #20 durchführen.

1. Teile auswählen, die man selbst vergessen hat

Zunächst geht man als Moderator reihum und zeigt auf die Elemente verschiedener Modelle, an deren Aussage man sich selbst nicht mehr erinnern kann, und befragt die Gruppe nach dessen Bedeutung.

2. Können wir die Aussage noch irgendwo erkennen?

Dann zeigt man erneut auf das Teil eines Modells, fragt jemanden nach der Bedeutung und erkundigt sich, ob sich diese noch in anderen Modellen wiederfindet. Dabei nutzt die Gruppe einen Zeigestab.

3. Gibt es Aussagen, die nur einmal vorkommen?

Anschließend lässt man die Gruppe die entsprechenden Modelle zeigen und beschreiben (#12). Sind die Aussagen unklar, wird Technik #28 angewendet.

4. Letztlich: Gibt es Teile, die noch unklar sind?

So wird sichergestellt, dass jeder Teilnehmer so viele Bedeutungen wie möglich kennt.

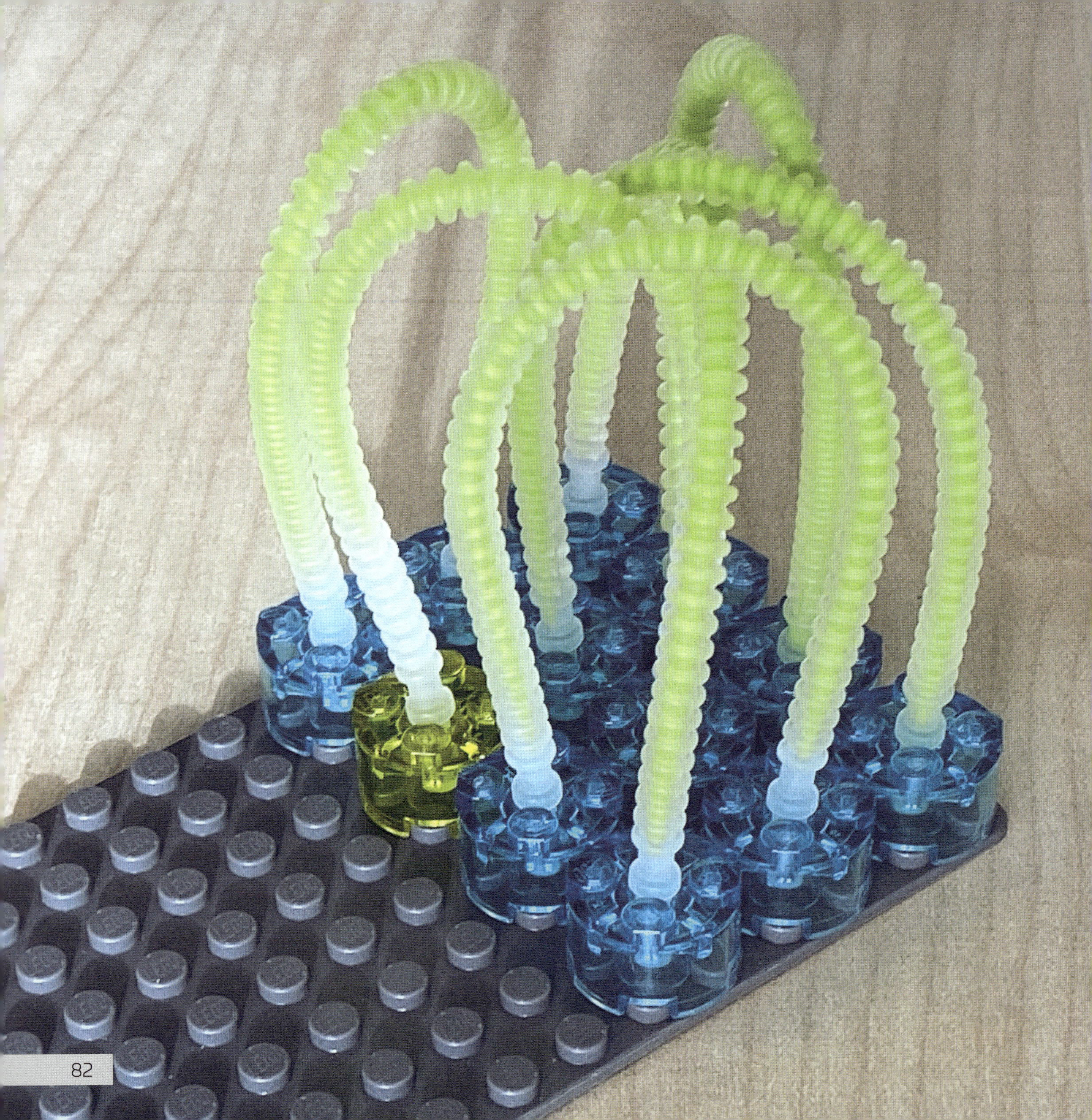

#28. Auf einfache und klare Bedeutung achten

In einem idealtypischen LEGO® Serious Play®-Workshop haben alle Teilnehmer die notwendige Disziplin, die Geschichte ihrer Modelle so zu erzählen, dass sich jeder an die Details und Bedeutungen der anderen erinnert.

Leider ist das selten der Fall. Oft bauen Teilnehmer ein Modell und erzählen dann in epischer Breite eine Geschichte, die nur bedingt mit dem Modell zu tun hat.

Für die Einhaltung der erforderlichen Disziplin eignen sich Technik #11 und #12. Aber auch dann kommt es vor, dass jemand sein Modell nicht klar und deutlich beschreibt.

Wenn die anderen jedoch die Bedeutung eines Teiles nicht genau verstanden haben, lässt es sich nur schwer in ein gemeinsames Modell integrieren.

Praxisbeispiel

Ein Team arbeitet zusammen, um das perfekte Training zu entwerfen. Fred stellt sein Modell vor (vgl. Abbildung links) und sagt:

„Das ist, wenn in einem Team die Dinge irgendwie rund sind und allen ein Licht aufgeht, wenn sie miteinander sprechen. Weil sie sich über das, was sie gelernt haben, miteinander verbunden fühlen."

Die Teilnehmer sind neugierig und wollen wissen, ob die graue Platte eine Bedeutung hat (nein) und wofür der gelbe transparente Stein steht (dem Trainer).

Wofür aber steht Freds Modell genau?

Ohne weitere Klärung würden manche Teilnehmer es jetzt mit *„Reden", andere mit „Ideen" und einzelne mit „Verbindung" oder gar „Wissensfluss" interpretieren.*

Eine einfache und klare Bedeutung herbeiführen

An diesem Punkt muss der Moderator seine Präsenz erhöhen (Technik #24).

Ist sich jemand der Bedeutung seines Modells nicht sicher, dann helfen Sie ihm, indem Sie einfache Hilfestellungen geben, wie z. B.:

„Fred, könnte man dein Modell mit ‚Ideenaustausch' zusammenfassen?"

Angenommen Fred lehnt diesen Vorschlag ab und redet stattdessen weiter, bis er präziser, aber leider noch nicht prägnant genug wird. Fragen Sie dann:

„Okay, dann stellt dein Modell das perfekte Training als ‚Wissenstransfer' dar?"

Nun stimmt er zu und diese Zustimmung spiegelt sich auch in seiner Körpersprache wider (würde man Ablehnung erkennen, müsste der Moderator nachfassen).

Es ist die Verantwortung des Moderators, dafür zu sorgen, dass Teilnehmer eine klare Formulierung finden, in der sie sich wiederfinden und die die übrigen Teilnehmer verstehen können.

#29. Wesentliche Aussage markieren

In der Regel enthalten individuelle Modelle mehrere Aussagen. Bevor das gemeinsame Modell gebaut wird, muss als letzter Vorbereitungsschritt die wesentliche Aussage identifiziert werden. Dazu lassen wir diese von den Teilnehmern mit einer Fahne markieren.

Die roten Fahnen auf dem Bild links sind Bestandteil des Identity and Landscape Kit, das speziell für LEGO® Serious Play® angeboten wird.

Für den schnellen Zugriff empfiehlt es sich, die roten, blauen und pinkfarbenen Flaggen von den restlichen Steinen getrennt aufzubewahren.

Auch ohne Flaggen lässt sich eine Markierung durchführen. Dazu nutzen die Teilnehmer dann auffällige, aber identische Steine (z. B. einen roten 1x2-Stein).

Die Moderation

Wir leiten wie folgt ein: ***„Ich möchte, dass jeder von euch die Kernaussage in seinem Modell markiert."***

Für die bessere Verständlichkeit bittet man dann einen Teilnehmer zu zeigen, was er in seinem Modell für am Wesentlichsten hält. So sagt z. B. Amy rechts im Bild: „Ideen einfangen", was durch das mit dem Elefant verbundene Netz repräsentiert wird.

Für ein besseres Verständnis erklären wir der Gruppe dann, dass:

„Wenn wir ‚Ideen einfangen' nicht im späteren gemeinsamen Modell erkennen können, wird auch Amy sich in dem Modell nicht wiederfinden, da ihr Standpunkt außer Acht gelassen wurde."

Daran anschließend nimmt nun jeder eine Fahne zur Hand und platziert diese auf seiner Kernaussage, die jeder der Reihe nach dann in wenigen Worten beschreibt und wiedergibt.

Als Nächstes lässt man einen Teilnehmer alle Kernaussagen am Tisch wiederholen – idealerweise in nur zwei bis drei Worten. Sollte er ins Stocken geraten, bittet man die Gruppe um Unterstützung.

Haben alle Teilnehmer die Kernaussagen verstanden, kann man mit dem gemeinsamen Modell beginnen. Bestehen noch Unklarheiten, lassen Sie eine weitere Person die Kernaussagen wiedergeben, so lange, bis alle die Aussagen kennen.

Bau des gemeinsamen Modells: der Einstieg

Unser Ansatz, mit dem Bau des gemeinsamen Modells zu beginnen, ist zunächst die Aufgabe zu wiederholen und dann mit dem Bauen loszulegen. Dabei entfernen wir uns vom Tisch und spielen Musik im Hintergrund.

Sollte die Gruppe nach ca. 1 Minute noch immer ins Gespräch vertieft sein, anstatt zu bauen, kommen Sie an den Tisch zurück und nutzen Technik #30, um sie „ins Laufen" zu bringen.

#30. Hand anlegen: „Zeig's mir im Modell!“

Menschen sind kommunikative Wesen, und es ist nicht einfach, sie dazu zu bringen, gleichzeitig zu reden und zu bauen. „Zeig's mir im Modell“ ist daher ein hilfreicher Satz, sie dazu zu bewegen.

Workshops, in denen alle sofort loslegen und bauen, kommen vor, sind aber selten. In der Regel sind Menschen aber auf das Gespräch konditioniert. Lässt man die Gruppe mit sich allein, dann wird sie auch Minuten, nachdem das Bauen bereits begonnen hat, um die Platte herumstehen und reden.

Die in #25 vorgestellte Regel „Das Gespräch wird durch das Modell geführt“ bedeutet:

– Es redet nur, wer ein Modell berührt oder bewegt,

– es geht um Konstruktion, nicht um Konversation,

– jeder darf Elemente hinzufügen und dorthin bewegen, wo sie seiner Meinung nach hingehören.

Die Aufgabe des Moderators ist, dafür zu sorgen, dass die Gruppe ohne Probleme Lösungen mithilfe von Steinen **und** Worten ausdrücken kann ... durch sofortiges Reden, Bauen, Auseinander- und Zusammenbauen.

Ein oft beobachtetes Verhalten ist, dass jemand vorschlägt, Steine hinzuzufügen oder Elemente zu verschieben. Anstatt die Idee gleich umzusetzen, wird jedoch abgewartet, als würde auf eine Erlaubnis gewartet. Hier ist folgende Intervention hilfreich:

Zeig's mir ... hole einen Stein und setze es gleich um ... nimm das Element heraus ... verschiebe das Element, wohin du denkst ...

Manchen Menschen fällt es schwer, Elemente umzusetzen, wenn sie erst mal auf die Platte gestellt wurden. Hier muss man die Gruppe zum Probieren ermutigen: Alles lässt sich wieder zurückbauen!

Anleiten – nicht bauen

Eigentlich eine Selbstverständlichkeit: Als Moderator kann man nicht gleichzeitig Teilnehmer sein. Bei Problemen mit den Steinen sollte jedoch immer technische Hilfestellung angeboten werden.

Auf die Körpersprache und Dynamik achten

Damit zurückhaltendere Personen nicht untergehen, sollten diese gezielt vom Moderator angesprochen werden. Bei redseligen Teilnehmern sollten weitere Mitglieder um ihre Meinung gefragt werden.

Nach ca. 10 Minuten entsteht normalerweise ein erster unvollständiger Entwurf eines gemeinsamen Modells, dessen Geschichte man sich in der Rohfassung anhören kann. Dies ist eine gute Gelegenheit, die „LEGO-Cam“ einzuführen (#31).

#31. Die Vorteile einer „LEGO®-Cam“

Ergebnisse auf Video festzuhalten, bietet neben der Dokumentation des gemeinsamen Modells noch weitere Vorteile. Die „LEGO®-Cam“ ist inzwischen fester Bestandteil unserer Moderation.

Nachdem eine Gruppe für ca. 10 Minuten an ihrem Modell gearbeitet hat, unterbrechen wir das Tun, zücken die LEGO-Kamera und bestimmen jemanden, der mit einem Zeigestab die Geschichte des Modells so erzählt, wie er sie versteht (vgl. Foto links).

Dies hat mehrere Vorteile: Zunächst wird die bisher entwickelte Geschichte aus einer Perspektive vorgestellt. Aufgrund der Aufnahme verhalten sich die übrigen Teilnehmer ruhig und hören zu. In diesem fast theaterhaften Moment verändert sich die Gruppendynamik: Aufmerksamkeit und Konzentration steigen während der Aufnahme an.

Die Videoaufzeichnung stellt die Energie wieder her. Das ist besonders dann hilfreich, wenn die Gruppe sich in Details verfängt oder sich in Nebensächlichkeiten verliert. Diese Refokussierung mithilfe der Kamera ist auch dann sinnvoll, wenn sich die Gruppe über ein einzelnes Element gegenseitig ins Wort fällt. Manchmal ist es zielführend, ein Video **ausschließlich** deswegen aufzunehmen, um den Fokus wiederherzustellen.

Der Prozess hilft der Gruppe zudem, das gesamte Bild zu erkennen, und führt sie zurück von den Details auf die wesentlichen Inhalte.

Bei der hier eingesetzten „LEGO-Cam“ handelt es sich um ein iPhone in einer Hülle der Firma Belkin. Mithilfe einiger Steine und einer Minifigur® im Bildausschnitt sieht das Video dann so aus, als wäre es aus dessen Perspektive gefilmt worden.

Tipps für eine gelungene Aufnahme

Es empfiehlt sich, die Aufgabe zu Beginn zu wiederholen, insbesondere, wenn mehrere Aufnahmen gemacht werden. Bitten Sie gleichzeitig die übrigen Teilnehmer um Ruhe.

Gleichzeitig moderieren und aufnehmen erfordert etwas Übung. Neulinge halten die Kamera idealerweise zunächst auf Hüfthöhe, anstatt den Bewegungen zu folgen, da man sonst dem Inhalt nicht richtig folgen kann – und diesen muss man kennen.

Aufgrund der besseren Einstellmöglichkeiten und der Zoomfunktion nutzen wir die App „Filmic Pro“. Aber egal welche App: Es ist ratsam, sich vorher in diese einzuarbeiten und Testaufnahmen zu machen – einmal haben wir bei allen Videos den Ton vergessen …

Nach ein bis zwei Aufnahmen wird die Gruppe entweder gebeten, Veränderungen vorzunehmen, oder Technik #32 angewandt, um Vorbehalte und Fragen zu äußern, bevor Änderungen durchgeführt werden.

Man kann die „LEGO-Cam“ zudem auch an einen Beamer oder ein Apple TV (o. Ä.) anschließen, um das gemeinsame Modell einer Großgruppe zu präsentieren.

SERIOUSWORK
Fragen, Zweifel & Vorbehalte – Tool 1
Ampelfarben
Der Grad an Zweifel oder Vorbehalt kann durch Positionieren auf dem Modell ausgedrückt werden.
nah = volle Zustimmung
entfernt = starke Vorbehalte

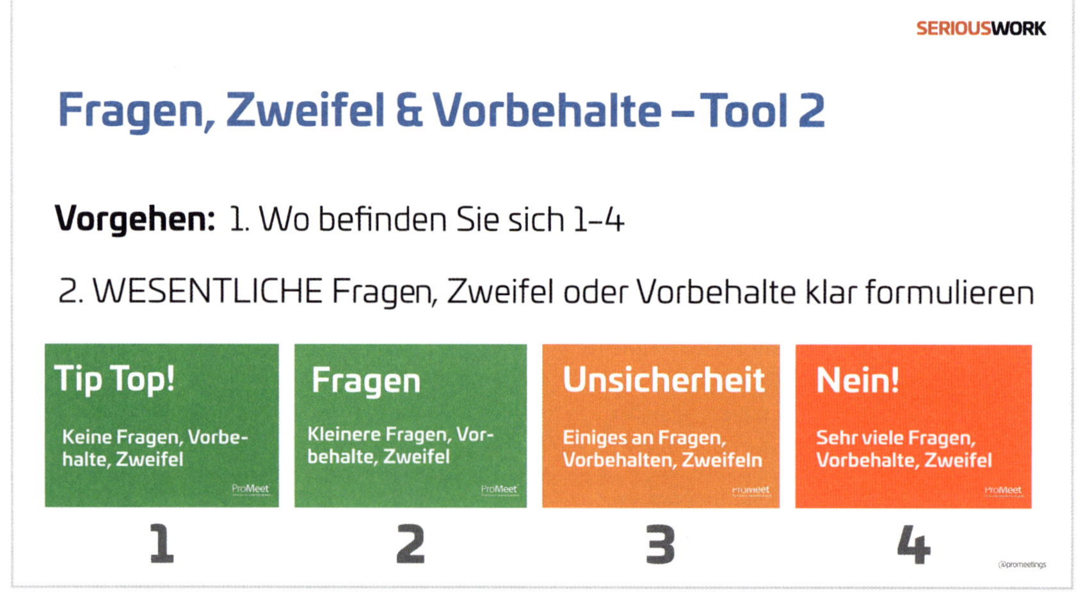
SERIOUSWORK
Fragen, Zweifel & Vorbehalte – Tool 2
Vorgehen: 1. Wo befinden Sie sich 1–4
2. WESENTLICHE Fragen, Zweifel oder Vorbehalte klar formulieren
Tip Top!
Keine Fragen, Vorbehalte, Zweifel
Fragen
Kleinere Fragen, Vorbehalte, Zweifel
Unsicherheit
Einiges an Fragen, Vorbehalten, Zweifeln
Nein!
Sehr viele Fragen, Vorbehalte, Zweifel
1
2
3
4

#32. Fragen, Zweifel und Vorbehalte adressieren

Der Anspruch eines Moderators ist vermutlich immer derselbe: Die Gruppe dazu zu führen, ein hervorragendes gemeinsames Modell zu bauen, mit dem sich jeder identifizieren kann und das eine klare Antwort auf die Fragestellung liefert.

Aus diesem Grund müssen die Fragen, Zweifel und Vorbehalte der Gruppe zum entstehenden gemeinsamen Modell adressiert und gehört werden.

Ein Weg ist, darauf zu hoffen, dass Vorbehalte von sich aus angesprochen und behandelt werden. In der Realität besteht aber eine Gruppe aus Ruhigeren, Politikern, dominanten Persönlichkeiten oder Unsicheren, die erst lange denken, bevor sie den Mund aufmachen.

Zwei von drei Methoden, die wir in unserer Ausbildung behandeln, wollen wir hier vorstellen:

Schriftliche Abfrage

Sofern es die Zeit erlaubt, bietet sich eine abgewandelte Form der „Scales of Agreement"[1] an. Dabei erhält jeder Teilnehmer eine Haftnotiz oder Moderationskarte und einen dicken Stift (um Ausschweifungen zu vermeiden!). Auf einer Folie (vgl. S. 88) wird das Vorgehen vorgestellt. Dann soll jeder die Nummer und kurz und prägnant seine Frage, Zweifel oder Vorbehalte notieren – pro Karte eine!

[1] Entwickelt 1987 von Sam Kaner, Duane Berger und Community At Work. Vgl. „The Facilitator's Guide to Participatory Decision-Making".

Nun lässt man eine Person AUSSCHLIESSLICH die Worte auf der Karte vorlesen und fragt, ob noch weitere Teilnehmer einen ähnlichen Punkt haben. Dies wiederholt man so lange, bis man ein Themen-Cluster hat, was man dann auf dem Tisch ablegt, und den Prozess von vorne beginnt.

Am Ende erhält man mehrere Themen-Cluster. Die Gruppe erhält nun den Auftrag, für jedes dieser Themen das Modell so zu verändern, bis die Fragen, Zweifel oder Vorbehalte ausgeräumt sind.

Achtung: erst ALLE anhören!

Unerfahrene Moderatoren können wir oft dabei beobachten, dass sie das Modell direkt nach dem ersten abgefragten Zweifel umbauen lassen. Wir bringen unseren Teilnehmern stattdessen Technik #24 bei: Präsenz zeigen und alle Meinungen hören!

Ampelfarben

Diese Methode stammt von Anne-Lise, einer unserer Trainees. Dazu zieht jeder einen roten, gelben oder grünen Stein. Die „Gelben" und „Roten" schreiben zunächst ihre Befindlichkeit auf ein Flipchart, bevor diese dann gelöst werden.

Es geht hier NICHT darum, Zustimmung zu erlangen, sondern Befindlichkeiten und Vorbehalte herauszuarbeiten!

30

#33. Abschweifungen vermeiden

Gelegentlich kommt es vor, dass sich der Fokus des gemeinsamen Modells weg vom eigentlichen Gruppenziel verlagert. Unsere Absolventen wissen: Wir sind strenge Verfechter davon, die Aufgabe vor jeder Vorstellungsrunde zu wiederholen, und das nicht ohne Grund.

Wir lehren unsere Trainees, schon zu Beginn jedes LEGO® Serious Play®-Workshops, im Skills Build, die Aufgabenstellung vor jeder Vorstellungsrunde zu wiederholen („John, erzähle uns bitte die Geschichte deines Turms“, „Sophie, führ uns bitte durch deinen Turm“, „Mashir, bitte beschreibe uns deinen Tum“ etc.).

Wir machen das, nicht etwa weil es im Skills Build von Bedeutung wäre, sondern um sie dafür zu sensibilisieren, Abschweifungen zu vermeiden. Dieser Fokus ist besonders wichtig beim gemeinsamen Modell.

Ein Beispiel

Die Aufgabenstellung eines Workshops mit Führungskräften verschiedener Abteilungen eines Konzerns lautete:

Baut ein gemeinsames Modell, das zeigt, welche Erfahrungen ein Kunde mit eurer Firma macht.

Einleitung: Berücksichtigt sowohl positive wie auch negative Erfahrungen des Kunden.

Bei der ersten Vorstellungsrunde (dokumentiert auf Video) passierte dann, dass eine Führungskraft die Geschichte erzählte, welche Erfahrungen ein Manager mit der Firma machen würde – gefragt wurde aber nach der des Kunden.

Bei Abschweifungen auf die Aufgabe beziehen

Als Moderator ist man für die Aufgabe verantwortlich. Und damit auch, dass diese durch das Modell gelöst wird. Das lässt sich dadurch erreichen, dass man die Gruppe entsprechend steuert.

Fragen Sie die Gruppe, ob das Modell die Aufgabe beantwortet bzw. die Gruppe das Thema adressiert.

Die Aufgabenstellung in den ersten Sekunden jeder Videoaufnahme wiederholen

Das sieht dann wie folgt aus: Man fixiert das Modell, drückt auf Aufnahme und sagt:

„Mike wird uns jetzt erzählen, welche Erfahrungen ein Kunde mit eurer Firma macht …“

Damit unterstützt man die Gruppe nicht nur darin, beim Thema zu bleiben, sondern muss zudem nicht hunderte Videos anschauen, um zu wissen um was es geht, sondern nur die ersten drei Sekunden.

Methodenkarte
Den Grad an Zustimmung ermitteln

8 Abstufungen

Volle Zustimmung, keine Fragen oder Vorbehalte	„Los geht's"
Zustimmung, nur wenige Fragen oder Vorbehalte	„Im Grunde einverstanden, aber..."
Zustimmung, größere Fragen oder Vorbehalte	„OK, aber meine größte Sorge ist..."
Unentschieden	„Ich bin unsicher"
Enthaltung	„Ich bin zwar nicht einverstanden, aber ich werde die Gruppe nicht blockieren"
Vorbehalte jedoch bereit, die Mehrheitmeinung zu unterstützen	„Bitte dokumentiert meine Vorbehalte, aber ich unterstütze die Mehrheit."
Ablehnung	„Ich stimme dagegen!"

Bedeutung der Cluster ...

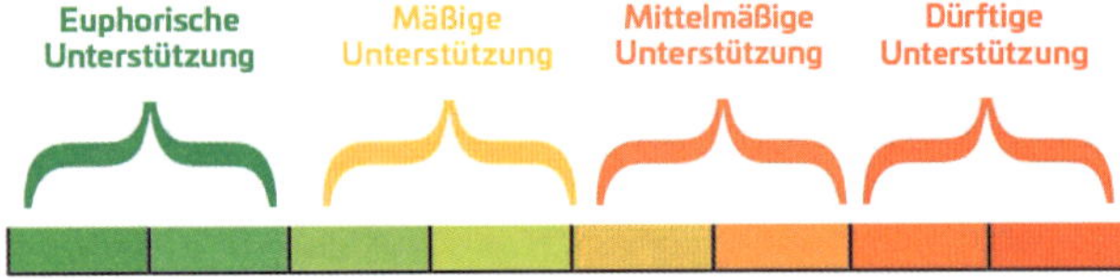

Diese Karte kann (auf Englisch) hier heruntergeladen werden:
http://www.meeting-facilitation.co.uk/blog/files/team-decision-making-scales-of-agreement.html

METHODENKARTE

METHODENKARTE

Den Grad an Zustimmung ermitteln

BESCHREIBUNG

Mit diesem Werkzeug lassen sich schnell Meinungen zu Gruppenentscheidungen abfragen, wobei sichergestellt wird, dass alle Meinungen gehört werden.

Dieser partizipative Prozess sorgt dafür, dass die Teilnehmer sich sowohl ihren Ideen verpflichtet fühlen und sie gleichzeitig hinterfragen. Wenn dieses Werkzeug „ohne Agenda" genutzt wird, ist es dazu geeignet, abweichende Ansichten der Minderheit aufzudecken.

In der simpelsten Form wird es als ein einfaches kommentiertes Abstimmungstool genutzt.

WIE?

1. Klärung der Fragestellung. Gibt es mehrere Lösungsvorschläge oder Entscheidungen, empfiehlt es sich, diese zu separieren.
2. Falls notwendig, weitere Klärungsfragen stellen.
3. Vorstellen der 8 möglichen Positionen.
4. Diese 8 Positionen werden auf ein Blatt Papier gedruckt und der Reihe nach entweder auf dem Boden ausgelegt oder an einer Wand befestigt.
5. Alle Teilnehmer erhalten eine Moderationskarte oder ein Post-it.
6. Der folgende Schritt erfolgt in Stillarbeit. Die Teilnehmer überlegen, wo sie sich hinsichtlich der Lösung oder Entscheidung befinden und notieren das auf der Karte, zusammen mit einem Satz, der die Frage oder den Vorbehalt beschreibt.
7. Im Anschluss daran wird jeder Teilnehmer aufgefordert, seine Position und seine Vorbehalte laut vorzulesen. Diese Karte wird dann der entsprechenden Skala auf dem Boden oder an der Wand zugeordnet.
8. Es ergibt sich ein Meinungscluster, das die gesammelten Meinungen der Gruppe widerspiegelt. Die Fragen oder Vorbehalte liefern wertvolle Eindrücke und ein differenziertes Meinungsbild.

 www.meeting-facilitation.co.uk

#34. Zum abgestimmten Modell gelangen

Das beste Vorgehen, um zu einem abgestimmten Modell zu kommen, ist ..., wenn man keines benötigt. Haben mehrere Personen die Geschichte des gemeinsamen Modells identisch erzählt, kann man die Zustimmung aller sichtbar erkennen.

In diesem Fall reicht es, wenn man die „Ampelfarben" (#32) nutzt, um die Zustimmung noch mal abzusichern. Da sofortige Zustimmung in der Realität selten vorkommt, empfiehlt sich ein systematisches Vorgehen.

Aufrichtig sein – und ehrlich zu sich selbst

Als Moderator muss man sich hierbei seiner eigenen Motive bewusst sein. So könnte man geneigt sein, die volle Zustimmung für ein Modell nur deswegen erlangen zu wollen, um eine Bestätigung für die eigenen Moderationsfähigkeiten zu erhalten.

Unbewusst eigene Motive zu verfolgen, ist ein Risiko für den Moderator und die Gruppe und ein Zeichen von Unprofessionalität.

Auf was wollen wir uns verständigen?

LEGO® Serious Play® ist eine fantastische Methode, wenn es darum geht, dass sich eine Gruppe einen Zustand in der Zukunft vorstellt. (Was zeichnet Teamerfolg in einem Jahr aus? Was ist die Vision unserer Firma in drei Jahren?) Die meisten Vorbehalte, die wir zum Ende eines gemeinsamen Visionsmodells gehört haben, hatten auch nichts mit der Vision zu tun, **sondern beschäftigten sich mit der Frage, wie sie erreicht werden soll.** Als Moderator muss man also klar kommunizieren, auf was man sich verständigen will.

Den Grad an Zustimmung ermitteln

Dieses Werkzeug[1] stellt sicher, dass Teilnehmer ihre Meinung offen aussprechen, ohne sich dabei von den Standpunkten der anderen beeinflussen zu lassen. Gleichzeitig erfolgt eine Dokumentation aller Vorbehalte. Die Methodenkarte links kann auf der ProMeet Webseite[2] heruntergeladen werden.

Bestehen noch Fragen, wird die Person, die den Vorbehalt geäußert hat, gefragt, was passieren müsste, um zu einem „Ja" zu kommen. Die Person setzt die Änderung sofort um und die restliche Gruppe teilt mit, ob das Ergebnis „besser oder schlechter" ist. Dabei muss man keine Angst haben, zu keinem Ergebnis zu kommen (vgl. #35: keine Zustimmung und #36: nachträgliche Verbesserung)!

Wann ist gut genug gut genug?

In manchen Situationen hilft Pragmatismus. Nämlich wenn ein „damit können wir leben" das Äußerste ist, auf das sich eine Gruppe verständigen kann.

1. In Anlehnung an „The Facilitator's Guide to Participatory Decision-Making" von Sam Kaner 1987.
2. http://bit.ly/ProMeet-SoA

#35. Das abgestimmte Modell weiter verbessern

In einem Zustimmungsprozess werden Entscheidungen getroffen. Für manchen kann das ein Stressmoment sein, in dem es vorkommt, dass jemand sagt, was vermeintlich erwartet wird, jemand Dingen zustimmt, obwohl man eigentlich dagegen ist, oder jemand einfach nur zustimmt, um endlich eine Pause zu haben.

Eine Technik, die sich an dieser Stelle anbietet, ist die Zustimmung nach der Zustimmung. Oder anders ausgedrückt: Wie lässt sich das Einverständnis weiter erhöhen, nachdem alle einverstanden sind? D. h. im Falle eines gemeinsamen LEGO®-Modells: Wie kann dies weiter verbessert werden?

Dazu stellt man, nachdem man durch Technik #34 zu einem abgestimmten Modell gelangt ist, das Modell ins Plenum und fragt die Teilnehmer erneut nach dem Grad der Zustimmung: Waren die grünen LEGO®-Steine wirklich grün oder wären einige eigentlich orangefarben gewesen? Waren wirklich alle „voll überzeugt“?

Ist der Stress abgefallen, teilen Menschen ihre verbleibenden Bedenken freizügiger.

Während die Teilnehmer über den Zustimmungsprozess reflektieren, kann man als Moderator Notizen machen und sie bitten, das Modell ohne Stress entsprechend anzupassen.

#36. Besser ein echtes Nein als ein falsches Ja

Drängt man als Moderator die Teilnehmer zu einem falschen Ja, werden diese das bemerken. Es ist nicht schlimm, wenn sich die Teilnehmer nicht einigen können. Wichtig ist, die Gründe und Unterschiede zu verstehen und aufzuzeigen.

Ein ehrlicher Dissens oder ein klares Nein ist ein guter Ausgangspunkt. Dabei gibt es zwei verschiedene Szenarien. Nummer eins: Alle bis auf einen oder zwei stimmen dem Modell zu. Nummer zwei: Es gibt verschiedene Meinungen und es bilden sich Fraktionen.

Nummer zwei kommt selten vor, man muss allerdings darauf vorbereitet sein. In diesem Fall gibt man als Moderator die verschiedenen Positionen wieder, um sicherzustellen, dass man diese richtig verstanden hat.

Daraus ergeben sich zwei Möglichkeiten: Entweder die Abweichler treten zur Seite und lassen die Mehrheit fortfahren. Oder man befasst sich tiefergehend mit den Hintergründen der Ablehnung.

Sofern es keine ideologischen oder personellen Differenzen gibt, lassen sich Widerstände am besten auflösen, indem man der Minderheit Raum gibt und sie anhört. Dazu gehört auch, das Gesprochene zusammenzufassen, um ihnen Wertschätzung entgegen zu bringen. Allein durch Empathie und Verständnis lösen sich Gegenpositionen oftmals auf. Anderenfalls müssen sich die Opponenten aber auch mit einer Mehrheitsentscheidung zufriedengeben und das Team im Prozess fortfahren lassen.

5
4
3
2
1

#37. Gemeinsame Modelle als Input für Größeres

Ein gemeinsames Modell ist das Ergebnis eines Workshops. Dieses Ergebnis kann als wirkungsvoller Input für spätere Workshops dienen.

Strategische Planung

Das Foto links zeigt die strategische Planung eines Energieerzeugers, wobei das Modell die Teamvision beschreibt. Die Nummern repräsentieren sechs strategische Eckpunkte, die sich durch die Vision ergeben.

Das Foto oben zeigt die Teilnehmer bei der Vorstellung eines groben 12-Monats-Implementierungsplans. Dieser entstand während des Workshops.

Interne Kommunikation

Das Foto oben rechts zeigt das Ergebnis eines Visions- und Strategie-Workshops infolge eines Mergers zweier Banken. Auf der blauen Platte ist die gemeinsame Vision zu erkennen, die vom Leadership-Team in einem Vorab-Workshop gebaut wurde. Diese wurde dann 150 Mitarbeitern vorgestellt, die mit LEGO® Serious Play® ausdrückten, was diese Vision für sie bedeutet.

Baustufe 3: Systemmodelle

Das gemeinsame Modell kann auch als Input für einen Workshop der Baustufe 3: Systemmodelle fungieren. Die Vision auf der grünen Bodenplatte bildet die Grundlage für den späteren Workshop.

Kapitel 7

Weitere LEGO® Serious Play®-Moderationstechniken und Tipps

#38. Das Kind beim Namen nennen!

#39. Videos unterbrechungsfrei übertragen

#40. Körpersprache und Gruppenenergie

#41. Zusammenpacken nach getaner Arbeit

#42. Ergebnisse dokumentieren und teilen

#43. Sich stets selbst reflektieren

#44. Authentisch sein

#38. Das Kind beim Namen nennen!

Eigentlich eine Selbstverständlichkeit. Dennoch kommt es fast in jedem Workshop und jeder Ausbildung vor, dass die Methode falsch bezeichnet wird, bspw.:

LEGO Play

Serious Play

Serious LEGO

Serious LEGO Play

Serious Work

Zur Klarstellung:

LEGO Play: Spielen mit LEGO ist, was Kinder machen.

Serious Play: ist eine Bezeichnung für Innovationsmethoden. LEGO Serious Play ist nur eine davon.

Serious LEGO: Hier fehlt das Spielerische.

Serious LEGO Play: Wenn Kinder ***voller Inbrunst*** mit LEGO spielen.

Serious Work: Der Name unseres Buchs und der Name, unter dem wir unsere Ausbildungen anbieten.

Die Methode heißt **LEGO® Serious Play®**. Eine falsche Bezeichnung führt zu Verwirrung und Rückfragen unserer Kunden.

So wird die Methode auf der Webseite der LEGO®-Gruppe bezeichnet. Modell und Foto stammen übrigens vom Autor.

winning law firm
how does it feel?
08 :00
SAMSUNG
Work together
Build a shared model to describe the culture of your award winning law firm
What does it look like, how does it feel?
08:00
Work together
Build a shared model to describe the
culture of your award winning law
What does it look like, how does it feel?
08 :00

#39. Videos unterbrechungsfrei übertragen

Diese Technik ist besonders dann nützlich, wenn man mehrere Gruppen gleichzeitig moderiert und verschiedene Geschichten vorstellen möchte.

Um zwischen verschiedenen Eingabequellen zu wechseln, ist in solchen Fällen ausgesprochen mühsam. Normalerweise muss man das HDMI-Kabel z. B. vom Apple TV trennen, um es in ein anderes Gerät einzustecken, ohne das Eingangssignal zu verlieren.

Um einfacher zwischen den Signalen zu wechseln, wird Folgendes benötigt: 1. ein Apple TV und ein Smartphone, 2. ein Bildschirm oder Beamer, 3. ein eigener Router (z. B. ein NETGEAR Nighthawk 11AC 2200 Mbps X4 Dual Band).

Statt den Laptop mit dem Bildschirm direkt zu verbinden, verbindet man das Smartphone über ein Apple TV mit dem Monitor. Die Inhalte seiner Präsentation zeigt man dann über die Smartphone-Kamera (vgl. Foto links). Die Teilnehmer sehen nun die Präsentation auf dem Monitor. Sobald man anderen im Raum ein Modell vorstellen möchte, nimmt man sein Smartphone (aka LEGO-Cam) und präsentiert das entsprechende Modell (s. Foto unten).

Das eigene Netzwerk spannen

Bei Großveranstaltungen ist das WLAN aufgrund der Vielzahl an Teilnehmern in der Regel sehr langsam. Um sicherzustellen, dass das eigene Signal an das Apple TV übertragen wird, ist es ratsam, einen eigenen Router mitzubringen. Dieser braucht keine Verbindung zum Internet, stellt aber einen guten Datendurchsatz sicher, da man sein Netzwerk mit niemanden teilt.

Das Foto links zeigt die beschriebene Konfiguration während der Legal Geek conference 2019 in London.

EGO® SERIOUS PLAY®

#40. Körpersprache und Gruppenenergie

Als Moderatoren achten wir auf die Körpersprache, denn sie verrät uns einiges. So auch darüber, welcher Meinung ein Teilnehmer wirklich ist oder wie es ihm geht. Wir können die Aktivitäten und die Energie entsprechend steuern.

Die Studien zum genauen Anteil zwischen verbaler und nonverbaler Kommunikation schwanken, kommen aber alle zu dem Ergebnis, dass letztere die weitaus bedeutendere ist. Daher müssen wir sorgfältig darauf achten, ob:

Eine Gruppe

- unsicher wirkt hinsichtlich der Aufgabe,
- einen müden, abgeschlagenen Eindruck macht

Jemand

- sagt, er sei einverstanden, es aber ggf. nicht ist,
- aussieht, als wolle er reden, sich aber nicht traut,
- den Anschein erweckt abzudriften

Erkennen wir diese Zeichen, sollte man als Moderator intervenieren, wenn es der Gruppe oder dem Einzelnen hilft.

Auf die eigene Körpersprache achten

Gleichzeitig müssen wir selbst achtsam sein – auch unsere Körpersprache verrät den Teilnehmern, was wir wirklich denken!

#41. Zusammenpacken nach getaner Arbeit

Das Ende eines LEGO® Serious Play®-Workshops kann mit einer großen Unordnung enden – vor allem wenn mehrere hundert Menschen in mehreren Gruppen gearbeitet haben. Die Lösung: die Teilnehmer bitten, mit aufzuräumen.

„Viele Hände sind der Arbeit schnelles Ende“ – an dem Spruch ist nicht nur Wahres dran; gemeinsames Aufräumen verleiht dem Workshop ein würdiges Ende.

Wenn man die Teilnehmer darum bittet, die Steine zurück in die Beutel zu packen oder die Modelle und Karten zu positionieren (sofern man eine Fotodokumentation macht), spart es einem nicht nur viel Zeit, sondern stärkt ZUDEM das Gemeinschaftsgefühl.

Das Foto unten zeigt eine „Bitte-packt-mit-an-Folie“, wie sie am Ende eines Workshops mit 29 Modellen und Videos gezeigt wurde, um die Teilnehmer um Mithilfe zu bitten.

3:08
3:16
3:27
6:37
2:48
2:22
2:27
1:16
0:50
1:41
30

#42. Ergebnisse dokumentieren und teilen

LEGO® Serious Play® ist ein großartiges visuelles Medium, dessen Ergebnisse sich wunderbar als Basis für weitere Workshops eignen (vgl. #37).

Teilnehmer für die Dokumentation nutzen

Könnten die gebauten Modelle für die Zeit nach dem Workshop sinnvoll sein, dann bietet es sich an, deren Inhalte von den Teilnehmern zusammenfassen und gemeinsam mit dem Modell fotografieren zu lassen. Die Fotos „leben" so lange weiter, bis sie gelöscht werden.

Man kann auch eine Person pro Tischgruppe bitten, das gemeinsame Modell auf Video festzuhalten. Dies wird dann auf eine gemeinsame Dropbox hochgeladen und für alle zugänglich gemacht.

Schnell-Dokumentation

Die Fotos links sind alle am Ende eines Workshops aufgenommen worden. Gleichzeitig konnten aber viele der Modelle und Karten bereits während der Pausen fotografiert werden. Dazu wurden die Teilnehmer vor der Pause gebeten, beides zu arrangieren. In 25 Minuten konnten so 500 Modelle abgelichtet werden, die zusammen mit den übrigen Ergebnissen in eine 565-seitige Dokumentation einflossen.

Profi-Dokumentation

In kleineren Workshops, deren aussagekräftige Modelle der Kunde behalten oder mit dessen Ergebnissen er arbeiten möchte, kann man eine Art „Mini-Fotostudio" aufbauen. Dazu befestigt man ein Flipchart an der Wand und macht sorgfältig komponierte Fotos, die man danach am PC nachbearbeiten kann.

Speichern und Teilen von Videos

Sofern datenschutzrechliche Gründe oder Unternehmensvorgaben nicht dagegen sprechen, ist YouTube ein idealer Speicherort. Die Videos sollten unbedingt als „nicht öffentlich" gekennzeichnet werden.

Speichern und Teilen von Fotos und anderen schriftlichen Ergebnissen

Dazu nutzen wir drei verschiedene Varianten. Die schnellste ist, eine Ordnerstruktur anzulegen, die Unterlagen entsprechend abzulegen und dann daraus ein ZIP-File zu erstellen. Dies wird dann dem Kunden via WeTransfer o. Ä. zur Verfügung gestellt.

Eine weitere Option ist, die Dokumente auf einem privaten, nichtindexierten (und oftmals passwortgeschützten Bereich) der Webseite bereitzustellen. Die Zusammenstellung der Dokumentation als Booklet ist die dritte Variante.

Es kostet keine großen Mühen, Fotos in ein PDF umzuwandeln und aus diesem dann eine Broschüre zu erstellen. Noch professioneller wirkt es, wenn man ein Programm wie z. B. Adobe InDesign® nutzt.

#43. Sich stets selbst reflektieren

Der Schlüssel zu wahrer Meisterschaft ist das Lernen. Nur so kann man das Ziel erreichen, ein erfahrener und mit allen Wassern gewaschener Moderator zu werden. Jeder Auftrag ist daher eine Gelegenheit, zu lernen und zu wachsen.

Die Aktionsforschung[1] verfolgt den Ansatz, aus der kritischen Selbstreflexion zu lernen und zu wachsen. Die Forschung am eigenen Objekt soll dazu führen, seine eigenen Aktionen zu hinterfragen und die Auswirkungen auf sich sowie das eigene und erweiterte Umfeld zu überprüfen.

Einfach und schnell 1: Feedback einfordern

Vor Feedback muss man keine Angst haben – es ist eine rein subjektive Meinung. Aber Feedback am Ende jedes Auftrags hilft, Schwächen zu erkennen, um weiter an sich zu arbeiten. Wichtig ist, nicht nur die eigene Leistung feedbacken zu lassen, sondern auch die der Teilnehmer sowie die Zusammenarbeit mit dem Kunden, um herauszufinden, warum Dinge gut und weniger gut funktioniert haben.

Einfach und schnell 2: ein Tagebuch

Ein Tagebuch ist ein formalisierter Ansatz zur Selbstreflexion. Dazu notiert man zu Beginn jedes Auftrags die eigenen Erwartungen, Ziele und Vermutungen, ergänzt um Wünsche und Sorgen. Am Ende des Auftrags überprüft man diese Notizen auf Basis der Erfahrungen des Workshops: Wie wirken diese Gedanken jetzt? Was würde man anders oder besser machen? Was hat gut funktioniert und was nicht?

Langsamer, aber effizient: Peer-Reviews durch Mitgliedschaft in einem Verband

Die Mitgliedschaft in einem professionellen Verband, wie z. B. der „International Association of Facilitators (IAF)“, zwingt einen dazu, seine eigenen Moderationsfähigkeiten begutachten zu lassen und seinen Co-Mitgliedern sein Kenntnisse offenzulegen.

Als „IAF Certified™ Professional Facilitator“ muss ich mich z. B. alle drei Jahre rezertifizieren lassen. Das beinhaltet einen schriftlichen Bericht darüber, wie man in „Übung“ bleibt, sich an die IAF-Kernkompetenzen hält und wie man eigenes Lernen und Wachs- tum sicherstellt.

Der Vorteil einer Mitgliedschaft in einer Organisation, die von ihren Mitgliedern verlangt, an sich zu arbeiten und dazu einen formalisierten Prozess installiert hat, ist, dass sie einen zur permanenten Selbstreflexion zwingt.

Egal welchen Ansatz man wählt: Das Wichtigste ist, seine eigene Arbeit immer wieder infrage zu stellen – mit dem Ziel zu lernen, zu wachsen und sich zu verbessern.

[1] Der Begriff der Aktionsforschung geht auf den MIT-Professor Kurt Lewin zurück, der ihn im Jahre 1944 prägte.

#44. Authentisch sein

Ist es merkwürdig, wenn man in einem Buch, das einem an jeder Stelle sagt, was man tun und lassen soll, als letzten Tipp liest, man solle „authentisch" sein?

Nein! Denn als Moderator ist man in einer sehr machtvollen Position. Für ein paar Stunden oder gar Tage hören einzelne oder auch mehrere hundert Menschen auf einen und führen aus, was man ihnen anweist. Das Ergebnis kann die Zukunft von Teams oder Unternehmen nachhaltig beeinflussen.

Als Moderator trägt man große Verantwortung. Am Tag des Workshops ist die eigene Rolle die mit der höchsten Führungsverantwortung.

Als Moderatoren sind wir diejenigen, die den Ton angeben und sagen, wo es langgeht. Was überheblich klingt, soll vielmehr aufzeigen, dass wir in der Pflicht stehen: Wir sind dafür verantwortlich, die Gruppe durch einen sicheren Prozess zu geleiten und Ergebnisse zu erzielen.

Um dieses Ergebnis zu erzielen, müssen wir sowohl gemocht als auch respektiert werden. Ansonsten werden uns die Teilnehmer nur widerwillig folgen.

Verhalten wir uns so, wie wir glauben uns als Moderatoren verhalten zu müssen, wirkt das aufgesetzt.

Dazu ein Beispiel: Einer meiner Yoga-Lehrer spricht in einer yogamäßigen Tonlage.

Einer New-Age-Tonlage, die positives Karma versprüht, weich und einladend ist, die er aber nur im Kurs verwendet. Dieses Aufgesetzte hält mich davon ab, seinen Kurs zu besuchen. Eine andere Lehrerin hingegen spricht in ihrem Kurs in der gleichen Tonlage wie außerhalb, was sie vollkommen authentisch und sympathisch macht.

Anscheinend hat derjenige, der meinen Yoga-Lehrer ausgebildet hat, keinen Wert darauf gelegt, ihn auch in Authentizität zu unterrichten.

Wir von SeriousWork haben mehrere hundert Menschen in der LEGO® Serious Play®-Methode ausgebildet und erlebt. Und egal, welchen sozialen Hintergrund oder welches Bildungsniveau sie hatten ...

... sie alle hatten eines gemeinsam: Sie waren in ihrer Art immer sie selbst.

Die in diesem Buch vorgestellten Techniken funktionieren alle. Dennoch sind sie nur eine Hilfestellung. Probieren Sie sie aus, passen Sie sie an und nutzen Sie sie; haben Sie das Vertrauen, sich vor eine Gruppe von Leuten zu stellen (nach entsprechender Vorbereitung bitte). Aber: Seien Sie dabei authentisch!

Sie können ernst sein, lustig, direkt, unsichtbar, vielleicht auch nervös. Seien Sie nur eins: Sie selbst!

Kapitel 8

Nach der Ausbildung: Tipps & Erfahrungsberichte unserer Absolventen

Einige unserer Absolventen erzählen, wo sie LEGO® Serious Play® nach ihrer Ausbildung eingesetzt haben, und geben wertvolle Tipps.

Taru Uhrman

CEO
ProStories
FINNLAND

Ich habe die Ausbildung zum LEGO® Serious Play® Fazilitator 2019 in London besucht. Seitdem habe ich 15 Workshops mit den Schwerpunkten Unternehmenskultur, Change und Strategie moderiert.

Die besten Ergebnisse entstanden dabei nicht nur durch die Beteiligung aller und ihrer Begeisterung für das Thema, sondern dadurch, dass die Teilnehmer erkennen konnten, wie ihre Ergebnisse andere Unternehmensbereiche und Stakeholder berührten.

Das beste Feedback habe ich von einem CEO erhalten, der dem Workshop zunächst skeptisch und zurückhaltend gegenüberstand, am Ende jedoch meinte: „Das war die beste Unterhaltung, die ich in meiner Laufbahn geführt habe. Vor diesem Workshop habe ich nicht geahnt, was meine Mannschaft wirklich beschäftigt und umtreibt. Sie haben mir gezeigt, wie man einen aufrichtigen, gleichberechtigten Dialog führt."

Mein Ratschlag: Es hilft, die Gespräche der Gruppe gut zu dokumentieren. Haftnotizen in verschiedenen Farben für jede Phase des Workshops unterstützen dabei, die Kernaussagen festzuhalten. Zusammen mit Fotos, die man reichlich machen sollte, ergibt sich so eine hervorragende Ergebnisdokumentation.

@TaruUhrman

Kristen Herde

Gründerin & CEO
YeaHR!
DEUTSCHLAND

Im Rahmen eines Strategiewochenendes für Führungskräfte haben wir in einer Einheit einen LEGO® Serious Play®-Workshop durchgeführt. Das Ziel war, das Managementteam eines wachsenden internationalen Unternehmens darin zu unterstützen, für die Umsetzung der neuen Strategie neue Führungsleitlinien zu definieren sowie Verhaltensweisen zu identifizieren, die abgelegt werden müssen. Für uns war es faszinierend zu beobachten, wie eine zunächst skeptische Gruppe in der Methode aufging. Durch das Einreißen sprachlicher und kultureller Barrieren, einem offenen und aufrichtigen Austausch und der Berücksichtigung der Meinung jedes Teilnehmers konnten wir das Ziel spielend erreichen.

Als Firma, die sich mit Employer Branding befasst, nutzen wir die Methode, um herauszuarbeiten, wie es wirklich ist, bei einer Firma zu arbeiten, was sie einzigartig macht und was sich ändern muss, um die besten Mitarbeiter anzusprechen und zu halten.

Unsere größte Erkenntnis liegt in der Bedeutung der Workshop-Vorbereitung, insbesondere in der Formulierung der richtigen Aufgaben. Eine unklar formulierte Aufgabe verwirrt die Teilnehmer und führt oft zu unbeabsichtigten Diskussionen, die nichts zum eigentlichen Ziel beitragen.

linkedin.com/in/kristen-herde-7361352

Dr. Praba Kugathasan

Global Head of Digital Services
Roche
VEREINIGTES KÖNIGREICH

LEGO® Serious Play® hat meinem Team und mir dabei geholfen, auf Basis einer kürzlich verabschiedeten Strategie ein schlüssiges und transparentes Bild der Zukunft zu entwickeln.

Das Team hat ein tiefes Verständnis darüber erlangt, wie ihr jeweiliger Beitrag sowie der Beitrag des gesamten Teams dazu beiträgt, dieses Ziel zu erreichen.

Die LEGO® Serious Play®-Methode hat sogar zu einer richtiggehenden Euphorie im Team geführt. Seitdem haben sich die Motivation und die Kommunikation im Team deutlich verbessert.

Mein Ratschlag: Viele Fotos machen! Außerdem sollte man mit Videoaufnahmen so früh wie möglich beginnen. All diese Dokumente sollten nach dem Workshop schnellstmöglich auf einem Medium gespeichert werden, auf das alle zugreifen können (z.B. einer Webseite). Unser Ziel ist, diese als Teil unserer Kommunikationsstrategie mit der ganzen Firma zu teilen.

linkedin.com/in/praba-kugathasan-1354581

Suzanne Trew

Consulting Director
Fx1 Ltd.
VEREINIGTES KÖNIGREICH

Ich habe meine Ausbildung bei SeriousWork zum LEGO® Serious Play®-Fazilitator im November 2019 in London bei Sean besucht. Obgleich ich mir sicher war, dass die Ausbildung fantastisch werden würde, lag der Beweis in der praktischen Anwendbarkeit des Gelernten. In den ersten zwei Monaten nach der Ausbildung habe ich fünf Workshops geleitet und bin jedes Mal von der Wirkung der Methode angetan.

Jeder dieser Workshops war ein Katalysator für das das jeweilige Team. Ich habe zwei Stiftungen darin begleitet, ihre Strategie zu überarbeiten, zweimal habe ich den Innovationsprozess in größeren Organisationseinheiten definiert und in einem neuen Team habe ich ein Teambuilding durchgeführt.

Meine größte Erkenntnis: Was ich gelernt habe, habe ich angewandt: mich intensiv auf jeden Workshop vorzubereiten, um die entsprechenden Ergebnisse erzielen zu können. Das Kunden-Feedback war überwältigend und die Ergebnisse, in kurzen Workshops erzielt, waren absolut unübertroffen.

Kurz gesagt: Die Ergebnisse wären ohne die Weltklasse-Ausbildung von Sean und die Vielzahl seiner Tipps, Tools und Techniken niemals erzielt worden.

linkedin.com/in/suzannetrew

Holly Henderson

Dozentin
University of Exeter Business School
VEREINIGTES KÖNIGREICH

LEGO® Serious Play® verändert meine Arbeitswelt. Es hat die Lernerfahrung verbessert und bunter gemacht. Seit meiner Ausbildung im April 2019 habe ich 48 Workshops mit 6 bis 75 Teilnehmern moderiert.

In ihnen haben meine Studenten und ich uns u. a. mit Aufgaben rund um Führung, Kultur, Teamentwicklung, Innovation, Unternehmensführung, Kreislaufwirtschaft, operationeller Steuerung und Steuersystemen befasst. Für die Fakultät habe ich einen Workshop moderiert, in dem wir eine Vision entwickelt haben. In einem weiteren ging es darum herauszuarbeiten, wie ein geschützter Raum für Tutorien gestaltet sein sollte. Inzwischen unterrichte ich auch an der medizinischen Fakultät und veranstalte Workshops mit Patienten, um die Pflege zu verbessern.

Ich finde es faszinierend, wenn ich all die Möglichkeiten betrachte, die sich durch LEGO® Serious Play® ergeben – wenn es richtig eingesetzt wird.

Meine größte Erkenntnis: Man sollte nicht davor zurückschrecken, Aufgaben zu entwickeln, die außerhalb der eigenen Komfortzone liegen – man lernt von den Fachexperten am Tisch. Die Erfahrung wächst durch Ausprobieren neuer Aufgaben und Reflexionsfragen, durch Feedback und durch hartnäckiges Nachfragen, bis das Ziel erreicht ist.

linkedin.com/in/hollyhendersonphd

Carmen Li

CSM APAC bei AMT Training
Wilmington Plc
HONG KONG

Meine Ausbildung zum LEGO® Serious Play® Fazilitator habe ich in Singapur im Oktober 2019 bei Sean absolviert.

Inzwischen habe ich fünf Workshops moderiert, wobei drei davon im Rahmen unserer jährlichen Klausurtagung stattfanden.

Ich bin in einer Firma tätig, die Schulungen im Finanzsektor durchführt. In den von mir durchgeführten Workshops waren somit auch einige unserer altgedienten Trainer anwesend und einige standen der LEGO® Serious Play®-Methode sehr skeptisch gegenüber. Am Ende der Workshops jedoch kamen sie alle auf mich zu, um mir mitzuteilen, dass die Methode sie gleichermaßen überrascht, fasziniert und gepackt habe – was mich mit Stolz erfüllt hat.

Meine größte Erkenntnis: Auch wenn man mit Menschen zu tun hat, die nicht mit dem eigenen Denken übereinstimmen, hilft die LEGO® Serious Play®-Methode dabei, sich mit ihnen zu verbinden.

LEGO® Serious Play® öffnet einen neuen Kommunikationskanal!

linkedin.com/in/carmen-li-a931a135

Der beste Moment jedoch war der, als ein echt harter Kerl aufstand und mit LEGO® Serious Play® ganz private Dinge von sich preisgab, die er sonst niemals erzählt hätte.

Lee Button

Seniorpartner
We Are BPG LLP
VEREINIGTES KÖNIGREICH

Seit ich die Ausbildung besucht habe, habe ich eine Vielzahl an LEGO® Serious Play®-Workshops mit einer Vielzahl von Kunden durchgeführt. Viele hatten eines gemeinsam: stagnierende Teams.

Hier hat mir die LEGO® Serious Play®-Methode Türen geöffnet. Dank der Ausbildung von SeriousWork und dem Feedback meiner Mitauszubildenden, konnte ich diesen Teams Wege aufzeigen, die sie sonst nicht gefunden hätten. Ich finde, zusätzlich zu den eigentlichen Ergebnissen, liegt der Mehrwert darin zu sehen, wie Teams nach dem Workshop besser zusammenarbeiten.

Das geschieht insbesondere dadurch, dass die Teilnehmer plötzlich anfangen, einander zuzuhören. Als Resultat treten an die Stelle von Spannungen und Missverständnissen in kürzester Zeit zielgerichtete Unterhaltungen mit Tiefgang.

Mein Ratschlag: Der Schlüssel zu einem erfolgreichen Workshop liegt in der Vorbereitung. Außerdem muss man den Prozess treiben, ohne in Hast zu verfallen.

@leebutton

Liisa-Maija Malinen

Moderatorin
Mukamas Learning Design Oy
FINNLAND

Meiner Meinung nach liefert LEGO® Serious Play® ein hervorragendes Ergebnis im Verhältnis zur aufgewendeten Zeit der Teilnehmer. Die größte Herausforderung war für mich jedoch, den ein oder anderen Kunden von der Methode zu überzeugen – wollten sie doch ihre Zeit nicht mit „Spielchen" verbringen. Keiner von denen, die sich darauf eingelassen haben, wurde jedoch enttäuscht.

Oft sagen die Teilnehmer mir, wie überrascht sie davon seien, in welcher kurzen Zeit sie zu des „Pudels Kern" gekommen sind. Dass man in der Zusammenarbeit LEGO-Steine benutzt und Spaß hat, ist dabei ein schöner Nebeneffekt. Für mich ist LSP in Teambuilding-Workshops besonders wertvoll. Die Methode schafft ein sicheres Umfeld und eine Offenheit, wie ich sie noch von keiner anderen erlebt habe.

Kunden haben oft nicht viel Zeit, weshalb ich nicht selten gefragt werde, ob ich nicht einen substanziellen Workshop in ein, zwei Stunden durchühren kann. Das muss ich dann leider ablehnen.

Mein Ratschlag: Auch wenn es verlockend ist, das Skills Build auszulassen, um Zeit zu sparen, sollte man das niemals tun. Es ist wichtig, um Kreativität und gegenseitiges Zuhören anzuregen, sodass sich die Gruppe die Geschichten wirklich einprägen kann.

linkedIn.com/in/lmalinen

Alexandre Krstic

Training Consultant
SCHWEIZ

Die Instandhaltung von Zügen ist ein hartes Geschäft: schwerer Stahl, Nachtschichten, Lärm und Metallspäne – würde man sich in so einem Umfeld an einen LEGO® Serious Play®-Workshop herantrauen?

Das Management wollte, dass die Mitarbeiter ihre Führungsqualitäten verbessern. Die harten Jungs sollten nicht mehr nur Technikexperten sein, sondern auch mit der Belegschaft, den Vertragspartnern, den Kunden und der Zentrale kommunizieren können. Bei meinem Treffen mit dem Kunden habe ich einen LEGO® Serious Play®-Workshop vorgeschlagen, in dem uns die Belegschaft sage, was sie tun müsse, anstatt dass ihnen Lösungen einfach nur vorgesetzt würden.

Die Arbeiter in der Instandhaltung haben Erstaunliches gebaut und inhaltsvolle, interessante Geschichten entwickelt. Beim Bau des gemeinsamen Modells lag ihr Hauptaugenmerk auf Sicherheit, Kommunikation und dem Aufbau von Beziehungen. Das Interessanteste aber war, als auch sie dem Management Feedback geben durften. Mit einem Ansatz aus LEGO® Serious Play® und Flipcharts hielten wir „Best Practices“ fest, und am Ende hatten wir erreicht, dass beide Parteien ein besseres Verständnis füreinander entwickelt hatten, wobei jeder für sich ein Modell als Erinnerung für den Alltag mitnehmen durfte.

linkedin.com/in/alexandrekrstic

Paul Brown

Business Coach
VEREINIGTES KÖNIGREICH

Ich habe eine Intervention mit LEGO® Serious Play® bei zwei Projektteams durchgeführt, die während eines Projekts, das letztlich gescheitert war, eng zusammenarbeiten mussten. Als die Organisation das Projekt neu aufsetzen wollte, kam es zum offenen Konflikt beider Teams.

Die Führungsmannschaft war sehr beunruhigt deswegen und hatte Angst, dass eine Retrospektive sehr schwer werden würde und mehr Schaden als Nutzen bringen könnte.

Ich habe daraufhin vorgeschlagen, LEGO® Serious Play® einzusetzen, um die Themen auf eine neutrale Weise zu betrachten und um ein gemeinsames Modell zu bauen, das auf Basis der Ergebnisse der vorherigen Runde aussagt, wie die gemeinsame Zusammenarbeit aussehen soll.

Ohne LEGO® Serious Play® hätte ich diese Intervention nie zum Fliegen bekommen. Das Abstraktionsniveau zwischen dem Modell und den individuellen Befindlichkeiten hat den Teilnehmern dabei geholfen, den passenden Umgangston zu finden. Und WOW – das folgende Projekt war ein durchschlagender Erfolg!

Meine größte Erkenntnis: LEGO® Serious Play® eignet sich hervorragend für Konfliktmanagement!

linkedIn.com/in/paulbrowncoach

Alexandra Götzfried

Creactive Development
DEUTSCHLAND

Vor meiner Ausbildung zum LEGO® Serious Play®-Fazilitator habe ich viel recherchiert, um unter all den Angeboten den passenden Anbieter zu finden. Was mich aber an SeriousWork als Anbieter am meisten fasziniert hat, war der starke Fokus auf die direkte Anwendbarkeit des Gelernten in der Praxis. Es war ein wenig wie ein Sprung ins kalte Wasser – für mich der einzige Weg, die eigene Komfortzone zu verlassen und Erfahrung aufzubauen. Es war ein Sprung, der sich gelohnt hat!

Als ich das konzentrierte Wissen aus zwei Tagen Ausbildung in einem Workshop mit Lohnbuchhaltern eingesetzt habe, hat sich die Kraft der Methode dann voll entfaltet – trotz meiner vorherigen Skepsis, LEGO® Serious Play® im Rechnungswesen zu nutzen. Auf die Frage, wie sie die Arbeit mit Metaphern empfunden hätten, antworten sie, es wäre einfacher als ursprünglich vermutet. Ich war froh, genug Zeit für ein gutes Skills Build aufgewendet zu haben; ist das doch der Schlüssel zu jedem erfolgreichen Workshop.

Der Tag war ein durchschlagender Erfolg, in dem das Team sich neu definiert hat. Am glücklichsten hat mich allerdings das Feedback einer Teilnehmerin gemacht: „Niemals im Leben hätte ich gedacht, dass in Buchhaltern so viel Kreativität steckt!"

linkedin.com/in/alexandra-götzfried-0abb35175

Matthias Bastian

Deutsche Telekom
DEUTSCHLAND

Kurz nach der Ausbildung konnte ich Teilnehmer in einem LEGO® Serious Play®-Workshop schnell und einfach anleiten, sich darüber auszutauschen, wie ihr Team zusammenarbeitet, und Hindernisse zu identi-f izieren, die bis dahin nicht für jedes Teammitglied offensichtlich waren. Die Ausbildung hat mir dabei geholfen, die Session ins Detail und mit den passenden Zielen zu planen, sodass ich mich wirklich auf die Teilnehmer konzentrieren und sie dabei unterstützen konnte, „ihre Modelle sprechen zu lassen".

Meine größte Erkenntnis besteht darin, die passenden Reflexionsfragen zu stellen. Das Training hat mir dabei sehr geholfen, nicht nur für LEGO® Serious Play®-Workshops, sondern auch bei der Moderation von Sitzungen und Meetings im Allgemeinen.

Ich habe einiges an Selbstvertrauen gewonnen. So habe ich während eines Agile Coaching Curriculums spontan eine Barcamp-Session zu LEGO® Serious Play® abgehalten und damit auch „die Idee weitergegeben".

Ich möchte jeden, der daran interessiert ist, LEGO® Serious Play® anzuwenden, dazu ermutigen, an einer der Ausbildungen von SeriousWork teilzunehmen. Statt einfach nur die Theorie dahinter zu vermitteln, bereiten sie einen wirklich auf die Arbeit als Fazilitator vor und sind absolut praxisorientiert.

linkedin.com/in/matthias-bastian

Mithilfe von LEGO® Serious Play® haben wir einiges an verborgenen Fähigkeiten in unseren Teammitgliedern entdeckt. Die Kollegen waren sprachlos, wie viel Kreativität in ihnen steckte und was daraus entstanden ist. Quasi eine Superkraft, die jede zurückhaltende Person nutzen kann.

Philipp Rosenthal

Leiter Nachhaltigkeitsdienstleistungen
Associate Director bei der Anthesis Group
DEUTSCHLAND

Dank LEGO® Serious Play® habe ich Workshops zur Erarbeitung von Lösungsansätzen für Unternehmen durchführen können, die ihre Nachhaltigkeit verbessern und gleichzeitig auf die eigene Kreativität zurückgreifen wollten. Die Ergebnisse waren aus verschiedenen Perspektiven ausgesprochen erfolgreich. Gleichzeitig ist es immer wieder gut zu sehen, wie sich Spaß und Lösungsfindung miteinander kombinieren lassen.

Ich verwende die Methode, um zusammen mit Private-Equity-Firmen herauszufinden, wo sie sich selbst sehen, wo sie sein wollen und wie sie die Lücke schließen können, um ihr ESG-Risiko zu managen.

Des Weiteren habe ich mehrere Meetups veranstaltet. Auf diese Weise konnte ich viele verschiedene Menschen kennenlernen und mit LSP herausfinden, was ihren perfekten Tag ausmacht oder was ihren Geheimtipp in ihrer Stadt auszeichnet.

Mein Ratschlag: Man sollte seine Zweifel zur Seite räumen und direkt ins Tun kommen: Einfach machen! Ich brauche z. B. keine Werbung, um LEGO® Serious Play® in meine Arbeit zu integrieren. Ich nutze es, wann immer ich kann, und es kommt immer gut an.

linkedin.com/in/philipp-rosenthal

Saif Rahman

Unit Head: Training and Development
Nesma and Partners
SAUDI-ARABIEN

Ich habe LEGO® Serious Play® sowohl in Workshops als auch im Einzel-Coaching eingesetzt. Hier arbeite ich normalerweise mit Heranwachsenden, die Probleme mit ihren Eltern haben. Außerdem habe ich Workshops moderiert, mit dem Ziel, Studenten auf das Examen vorzubereiten. Beides wurde sehr gut angenommen und wir konnten sehr gute Geschichten entwickeln sowie Vereinbarungen zwischen den Eltern und ihren Kindern erarbeiten.

Ich habe des Weiteren eine Reihe von Karriere-Workshop für Ingenieure und Nachwuchskräfte durchgeführt, in denen wir konkrete Maßnahmen- und Terminplanungen erstellt haben.

Dank LSP bin ich in der Lage, eine tiefere Beziehung zu meinen Teilnehmern aufzubauen. Und da ich in der Regel mit Menschen verschiedener Nationalitäten arbeite, fungiert LSP zudem als eine Sprache. Denn ganz tief in uns drin haben wir alle die gleichen Geschichten, Ängste und Herausforderungen.

Mein Ratschlag: Man sollte sich nicht von ein paar Teilnehmern einschüchtern lassen, weil sie zu Beginn nicht mit LEGO-Steinen arbeiten wollen. Sie bauen am Ende die besten Modelle.

linkedin.com/in/saif-r-958a6511

Claus Seichter

Organisationsentwickler
Next Level Change
DEUTSCHLAND

Es fasziniert mich immer wieder, wenn in einem Workshop die Gesichter voller Energie strahlen – und das meist schon zu Beginn des Skills Build.

LEGO® Serious Play® habe ich zu verschiedenen Anlässen eingesetzt: auf einer Weihnachtsfeier, auf der die Teilnehmer die Hoch- und Tiefpunkte des Jahres gebaut haben. Zur App-Entwicklung, wobei die Teilnehmer die Modelle der Stakeholder gebaut haben und analysierten, wie die App deren Bedürfnisse befriedigen kann. Um herauszufinden, was Teamwork auszeichnet. Und um die Vision einer komplett neuen Organisation zu erarbeiten (Org4.0).

Das Org4.0-Modell war in einem Tag erstellt, und das Team hat anschließend weiter damit gearbeitet:

– Es wurden die Büros eingebaut. So konnte man einfach mit anderen ins Gespräch kommen.

– Durch die Cafeteria wurden Interessierte angesprochen.

– Es wurde ein Video für den eigenen Gebrauch gedreht.

Meine größte Erkenntnis: Habe den Mut und tue es! Kunden verstehen es im Vorfeld nicht, aber bereuen es danach nie.

linkedin.com/in/clauspeterseichter/

Dian Small

Regionaldirektor
Royal Insitute of British Architects
VEREINIGTES KÖNIGREICH

Ich setze LEGO® Serious Play® in Bewerbungsgesprächen ein. Es verleiht dem ganzen Prozess etwas Entspannendes in einer doch manchmal stressigen Situation. Gleichzeitig offenbart es das wahre Innerste des Kandidaten. So erfahre ich, ob jemand einfache Anweisungen befolgen kann, bereit ist, sich auf etwas einzulassen oder überanalysiert. Die Art, wie Kandidaten die Steine zusammenbauen, gibt mir Aufschluss darüber, ob jemand kreativ, organisiert oder strukturiert ist – was wiederum wichtig für die entsprechende Funktion sein kann.

Ich habe die Methode auch schon im Rahmen einer Mitarbeiterveranstaltung mit 60 Personen angewendet. Jeder, der daran teilgenommen hatte, sagte später, dass die Methode weitaus spannender war, als jede andere normale Arbeit mit Flipcharts, und dass sie weitaus mehr Erkenntnisse gewonnen hätten, die sie nun mit sich nehmen und umsetzen könnten. Das Teilen der Modelle hat sichergestellt, dass jeder aktiv teilgenommen hat und sich einbringen konnte.

Und diejenigen, die am skeptischsten waren ..., waren am Ende die, die sich kaum vom Stein lösen konnten!

linkedin.com/in/dian-small

Julian King

International Leadership Development
Executive Coach & Facilitator
VEREINIGTES KÖNIGREICH

LEGO® Serious Play® erlaubt mir, ein sicheres Umfeld zu schaffen, in dem ich mit vielfältigen Teams und Gruppen arbeiten und alle Stimmen sichtbar machen kann. Ich habe schon mit vielen schwierigen Charakteren zusammengearbeitet, aber sobald die Finger einen Stein berühren und die Kreativität Raum greift, fällt jede Zurückhaltung ab.

Es fasziniert mich jedes Mal aufs Neue, wenn ich den Teilnehmern dabei zuschaue, wie neue Konzepte und Sichtweisen entstehen, Brücken zwischen Standpunkten gebaut werden und das gegenseitige Verständnis wächst.

Und über all dem vergessen wir manchmal, dass es auch einfach Spaß macht! Jeder Visions-Workshop oder jedes Teambuilding wird zu einer Aktivität, in der die Leute lachen und scherzen und dabei doch das Ziel nicht aus den Augen verlieren.

Mein Ratschlag: Auch wenn es offensichtlich klingen mag: Man sollte niemals auf das technische Skills Build verzichten. So entsteht eine Beziehung zur Methode und auch leisere Stimmen bekommen den Raum, den sie brauchen. Außerdem sollte man sich zurücknehmen können. Es geht um die Teilnehmer, nicht den Moderator.

@jkingcoaching

Marie-Christine Messier

Service Designer
Beraterin
Kanada

Ich hatte das Vergnügen im Januar 2020, die SeriousWork Advanced-Ausbildung für die Moderation von Systemmodellen zu besuchen. Diese drei Tage haben all das erfüllt, was ich von einer Ausbildung erwarte. Wir hatten viel Zeit zum Üben, Anwenden und Wachsen. Die Trainer von SeriousWork sind ausgezeichnet und erfahren. Diese Erfahrung teilen sie auch bereitwillig.

Mit diesen Fähigkeiten ausgestattet, habe ich dann gleich verschiedene Workshops mit LEGO® Serious Play® moderiert. Einer meiner Teilnehmer sagte am Ende: „Ich hätte niemals gedacht, dass ich mit LEGO-Steinen meine Befindlichkeiten, Gedanken und Ideen teilen könne. Eine fantastische Methode!“

Meine größte Erkenntnis: Leidenschaft und Energie in die Vorbereitungsphase zu stecken, zahlt sich aus. So wird es im Workshop leichter, den Bedürfnissen der Teilnehmer gerecht zu werden und nicht denen des Prozesses.

linkedin.com/in/mcmessier/

Kapitel 9

Und jetzt? Weiterbilden!

LEGO® Serious Play® online

Baustufe 3: Systemmodelle

Weiterführende Literatur

Kontaktdaten

Und jetzt? Weiterbilden!

Das Hauptziel dieses Buches war, ausgebildeten Moderatoren Techniken an die Hand zu geben, um Workshops der Baustufe 1: individuelle Modelle und Baustufe 2: gemeinsame Modelle auf höchstem Niveau durchführen zu können.

Wir hoffen, dass Sie Ihre Kunden nun in Zukunft noch besser zufriedenstellen können. Dennoch möchten wir Ihnen in diesem Teil noch ein paar Möglichkeiten der persönlichen Weiterbildung aufzeigen.

Baustufe 3: Systemmodelle

In Kapitel 9 stellen wir kurz unseren Ansatz vor, wie wir in der Moderation von Systemmodellen ausbilden.

Bei uns steht zunächst der Erkenntnisgewinn im Vordergrund. Wir nutzen das Systemmodell dann für die von Johan Roos sogenannte „Transformations-phase, in der die Teilnehmer ihre Perspektive ändern und es zu Aha- und Wow-Erlebnissen kommt."[1]

Ein paar Worte zu Zertifizierung und Weiterqualifizierung

Dieser Abschnitt befasst sich mit Zertifizierung durch den Besuch eines Kurses und zeigt einen Weg auf, wie man sich als Moderator der Methode noch professioneller weiterqualifizieren kann.

[1] Aus „How It All Began: The Origins Of LEGO® Serious Play®" von Johan Roos und Bart Victor, 2018

Zurück zu den Ursprüngen

Wenn Sie das Buch bis hierher gelesen haben, wollen Sie mit Sicherheit zu den besten Moderatoren der Welt gehören. Wir empfehlen daher, zu den Ursprüngen zurückzukehren und die Studie zu lesen, die von den Erfindern der Methode verfasst wurde.

Die der Methode zugrunde liegenden Ideen und Konzepte sind vielfältig. Daher finden Sie hier Links zu den ursprünglichen Forschungsergebnissen.

Eine Veröffentlichung aus dem Jahr 2018 von Johan Roos und Bart Victor trägt den Namen „How it all began – The origins of LEGO® Serious Play®" und hilft dabei, die widersprüchlichen Aussagen über den theoretischen Ursprung, die Entwicklung und die Anwendung der Methode zu verstehen. Sie schreiben:

> Als Begründer des Konzepts und der ersten Anwendungen vor mehr als zwei Jahrzehnten haben wir miterleben dürfen, wie sich die Methode weit über unsere Vorstellungskraft hinaus entwickelt hat.

Dennoch sind wir überzeugt, dass wir hier erst am Anfang der Entwicklung stehen. Unsichere Zeiten führen zu vielen Ansatzpunkten, die Methode mit anderen zu kombinieren, um so ihr Potenzial voll auszuschöpfen. Lasst uns auf die Reise gehen!

MacBook Pro
Gemeinsamer Post
Gekennzeichnet
Zurückstellen
Entwürfe
Suchen
Papierkorb
Spam
Inbox
Archivieren
Journal
Notes
Outbox
Yammer Root
BenQ

LEGO® Serious Play® online

Mit Digitalisierung, Homeoffice und internationalen Teams ergeben sich durch #onlineLSP fantastische Möglichkeiten, Ergebnisse zu erzielen, ohne in ein Flugzeug steigen zu müssen.

Traditionalisten und Puristen mögen bemängeln, dass LEGO® Serious Play® in der Online-Welt das Haptische und Taktile fehlen würde.

Online-LSP steht Präsenz in nichts nach

Als Pioniere in LEGO® Serious Play® online können wir aber bestätigen, dass durch gute Moderation, Online-Collaboration-Tools, das richtige Setting und die pure Kraft des LEGO-Steins Online-LSP der „echten" Welt in nichts nachsteht und das gleiche Commitment erzielt.

Andere Skills und Techniken erforderlich

Während es bei der Moderation von Baustufe 1: individuelle Modelle keine gravierenden Unterschiede zum physischen Meeting gibt – die Teilnehmer benötigen nicht mal alle dieselben Steine –, ist die Moderation von Baustufe 2: gemeinsame Modelle ganz anders als bei „realen" Meetings.

Da das Modell vom jeweiligen Teilnehmer zum Moderator übertragen werden muss, nutzen wir ein Online-Whiteboard und einen Prozess, den wir als „Magic Hands© und Build Along©" bezeichnen.

Die Moderation folgt einer anderen Vorgehensweise. Sie muss deutlich straffer stattfinden und sowohl die Teilnehmer als auch der Moderator müssen über gute Kenntnisse im Umgang mit den Online-Tools verfügen. Aus diesem Grund beginnen wir unsere Workshops mit einem „Plattform Skills Build".

Neue Möglichkeiten

Durch Online-LSP ergeben sich neue Einsatzgebiete für Teams, die bunt verstreut an verschiedenen Orten sitzen und schnell und unkompliziert über Länder und Zeitzonen hinweg an einem Problem arbeiten wollen und dabei jeden einbeziehen wollen.

LEGO® Serious Play® ist online die perfekte Ergänzung für virtuelle Teams und liefert die gleichen Ergebnisse wie in der echten Welt.

Online-LSP ist eine gute Ergänzung zum normalen LEGO® Serious Play®-Workshop und eine Alternative für alle, denen die CO_2-Reduzierung ein Anliegen ist.

Kontakt

Jens Dröge, Lead Trainer DACH

https://linkedin.com/in/jensdroege

Jens@Serious.Global

30

Baustufe 3: Moderation von Systemmodellen

Mithilfe von Workshops der Baustufe 3: Systemmodelle kann man als Moderator kleine Gruppen durch mehrtägige Workshops begleiten, um komplexe Fragestellungen als System zu betrachten.

Die Baustufe 3 bringt viele Vorteile, insbesondere für Führungskräfte, **hat aber zwei Einschränkungen: 1. Die Teilnehmerzahl muss gering sein. 2. Für gute Ergebnisse muss man mehr als 1 Tag ansetzen**

BAUSTUFE 3
Systemmodelle
... dienen dem Verständnis von Kräften, Wechselwirkungen und Einflüssen innerhalb eines Systems und auf das System.

BAUSTUFE 2
Gemeinsame Modelle
... dienen dazu, ein gemeinsames Verständnis über Themen von gemeinsamem Interesse zu erlangen.

BAUSTUFE 1
Individuelle Modelle
... dienen der dreidimensionalen Darstellung der eigenen Gedanken, sodass andere diese sehen, verstehen und hinterfragen können und so eine gemeinsame Bedeutung erkennen.

Diese Einschränkungen führen dazu, dass fast alle Workshops, die täglich durchgeführt werden, nur Baustufe 1 und 2 umfassen.

Wie bereits an anderer Stelle erwähnt, ist das Ziel dieses Buches daher nicht, die Moderation dieser komplexen Workshops näher zu erläutern.

Wie kann man Systemmodelle lernen?

Sofern Sie noch nicht in der Methode ausgebildet sind, sollte das nicht Ihre Frage sein, sondern: **Habe ich Bedarf und Gelegenheit für diese Workshops?**

Wenn Interessierte uns fragen, ob Ausbildungen, die Systemmodelle grundsätzlich im Curriculum führen, sinnvoll sind, entgegnen wir:

a) Was ist die geschätzte Dauer deiner zukünftigen Workshops? b) Welche Gruppengrößen planst du anzuleiten?

WENN die Antwort zu a) ist, dass die Workshops in der Regel nur bis zu einem Tag dauern, DANN wird man höchstens zum gemeinsamen Modell kommen.

WENN die Antwort zu b) 20 bis 30 Personen ist, DANN wird man nur die Kapazität dazu haben, ein gemeinsames Modell zu bauen. Schon 12 Personen sind für ein Systemmodell grenzwertig!

Scenario: Partnership Trouble!
SERIOUSWORK
This certificate is awarded to
Thomas Schiestl who has completed Advanced LEGO® SERIOUS PLAY® Training:
The facilitation of LEGO® SERIOUS PLAY®
Build Levels One, Two and Three.
SERIOUSWORK
This certificate is awarded to
Marlies Butterworth who has completed
Advanced LEGO® SERIOUS PLAY® Training:
The facilitation of LEGO® SERIOUS PLAY®
Build Levels One, Two and Three.
SERIOUSWORK
This certificate is awarded to
Edurne Lago who has completed Advanced
LEGO® SERIOUS PLAY® Training:
The facilitation of LEGO® SERIOUS PLAY®
Build Levels One, Two and Three.
SERIOUSWORK
This certificate is awarded to
Eva Maria Mösenender who has completed
Advanced LEGO® SERIOUS PLAY® Training:
The facilitation of LEGO® SERIOUS PLAY®
Build Levels One, Two and Three.

BAUSTUFE 3: SYSTEMMODELLE LERNEN

Wie kann man Systemmodelle lernen?

Wer jedoch Kleingruppen in Workshops von mehr als 1 Tag Dauer anleiten will, empfehlen wir, nach einer Erweiterung des tradtionellen Ansatzes zu streben. Dieser Ansatz, nach dem in der Regel ausgebildet wird, legt den Fokus auf die sogenannte „Real Time Strategy“. Wir finden es jedoch als zielführender, die Baustufe 3 als Denken in Systemen zu betrachten.

Was bedeutet Denken in Systemen?

Dieser Denkansatz erlaubt es, die wahre Ursache eines Problems zu identifizieren und neue Möglichkeiten einer Lösung zu erkennen. Mithilfe von LEGO® Serious Play® können wir diese sichtbar machen.

Was ist ein System?

Ein System besteht aus **untereinander verbundenen Elementen**, die miteinander so in Beziehung stehen, dass etwas **verwirklicht** werden kann.[1] In unserer Ausbildung vermitteln wir, neue **Einsichten** erkennbar zu machen, indem die Moderatoren die dargestellten vier Phasen anzuwenden lernen.

In unserer praktischen Arbeit konzentrieren wir uns weniger auf das eigentliche Bauen, sondern auf die Begleitung und Moderation der vierten Phase[2], in der es darum geht, mithilfe des Systemmodells zu neuen, gruppenspezifischen Einsichten zu gelangen.

1. Vgl. Donella Meadows, Thinking in Systems
2. Roos & Victor nennen das die „Transformation phase, when people change their views and discover aha and wow experiences“ (2018)

Baustufe 3: Anwendungen

In unserer Ausbildung, die auch auf Deutsch angeboten wird, lehren wir auch die konkrete Anwendung. Hier weichen wir von der klassischen sogenannten Real Time Strategy (RTS) ab, um durch die 4. Phase auf das wahre Kundenbedürfnis einzugehen (anstatt den RTS-Prozess zu durchlaufen, unabhängig davon, ob er dem Kunden einen Nutzen bringt).

Wenn Sie nun die Moderation von Baustufe 3: Systemmodelle lernen und auch hier unsere Moderationstechniken in Ihr Portfolio übernehmen wollen (sowie weitere Tipps für Baustufe 1 und 2, die in diesem Buch keine Erwähnung finden), dann melden Sie sich zu unserer weiterqualifizierenden Ausbildung an.

Weiterführende Informationen in englischer Sprache finden Sie hier: http://bit.ly/Advanced-LSP

IJMAR International Journal of Management and Applied Research

How It All Began: The Origins Of LEGO® Serious Play®

By Johan Roos[1] and Bart Victor[2]

[1]Hult International Business School, United Kingdom
[2]Vanderbilt University, United States

Cite as: Roos, J. and Victor, B. (2018), "How It All Began: The Origins Of LEGO® Serious Play®", *International Journal of Management and Applied Research*, Vol. 5, No. 4, pp. 326-343. https://doi.org/10.18646/2056.54.18-025

Abstract

As the originators of the idea, concept, and initial product more than two decades ago, we have seen the LEGO® Serious Play®(LSP) method evolve beyond our wildest imagination. Empirical and anecdotal evidence attest to the widespread use and many benefits it brings to individuals, groups and organizations around the world. The ongoing research, conferences, communities of practice, teaching applications, and growing list of publications suggest a veritable field of study.

Today, thousands of professionals label themselves LSP practitioners/facilitators, and hundreds of thousands in organizations have benefited from our idea. LSP training and facilitation has become a multi-million dollar business, including for the LEGO Company that sells dedicated material sets. For both of us, conceiving and developing LSP is probably the most impactful contribution we have made as management scholars. We are proud "fathers" of what many called an "insane" idea two decades ago.

Over the last years, we have noticed conflicting stories about the origins of the theory, development, and applications of LSP. To set the record straight, this article reviews the story of how LSP arose from the intersection of tedious strategy practices, engaging play, passionate scholars, open-minded executives, and the owner of LEGO Company.

1. Rethinking how to make strategy

In the mid-1990s, we were serving as professors of leadership and strategy at the International Institute for Management Development (IMD) in Lausanne, Switzerland. In our teaching, research, and consulting, we constantly saw that objective analysis backed up by hard numbers was typically put at the forefront of strategy discussions. Managers' own subjective views were typically placed in the background, or even disregarded. The literature on strategy making is vast and we do not review it here, but the main reason for this approach to strategy appeared to be management worries about not being able to legitimize their own (different) conclusions with facts, and/or not being able to articulate their own intuitions and insights using conventional strategy concepts and models.

Die Ursprünge von LEGO® Serious Play®

Zu Beginn einer Veranstaltung stellen wir oft die Frage: "Was glauben Sie, wie lange es LEGO® Serious Play® schon gibt? Viele sind überrascht, dass die Methode bereits mehr als 20 Jahre alt ist, und wollen mehr über die Entwicklung erfahren.

Zurückzublicken und die damaligen Forschungsergebnisse zu lesen, hat selbst bei uns noch zu wertvollen Erkenntnissen geführt.

Jeder erfahrene Moderator z. B. kennt die Situation, in denen Gruppen eine Kreativität entwickeln, von der sie nicht wussten, dass sie sie haben, da ...

... das gemeinsame Konstruieren, die Arbeit mit den Händen, sich positiv auf die Vorstellungskraft auswirkt.

So hat es Professor Johan Roos, einer der Erfinder der LEGO® Serious Play®-Methode, im Jahr 2006 in seinem Buch „Thinking from Within" beschrieben.

LEGO® Serious Play® fußt auf einer überraschend breiten Anzahl wissenschaftlicher Erkenntnisse.

Ein Blick zurück

Die Professoren Johan Roos und Bart Victor entwickelten das „Serious Play"-Konzept Mitte der 1990er-Jahre während ihrer Zeit an der IMD Business School in Lausanne in der Schweiz.

Laut ihrer Veröffentlichung von 2018 mit dem Titel „How it all began – The origins of LEGO® Serious Play®" wurde die eigentliche Idee, Strategien in Echtzeit durch das Spielerische zu simulieren, 1997 nach einigen Jahren an Forschungsarbeit und Praxiserprobung geboren. Diese beinhaltete u. a. auch einen Feldversuch mit 300 Führungskräften von LEGO®.

Der damalige Arbeitstitel von LEGO® Serious Play® lautete „LEGO M-Tool" (wobei „M" für „Management" stand).

Die Idee, Probleme spielerisch zu lösen, erreichte dann im Jahr 2000 mit der Gründung einer Stiftung namens „Imagination Lab" eine neue Stufe. Diese Stiftung mit Sitz in der Schweiz wurde von einer Reihe von Firmen finanziert, u. a. der LEGO®-Gruppe.[1]

Der Zweck des Imagination Labs lag auf der Entwicklung, Verbreitung, Lehre und Unterstützung von betriebswirtschaftlichen Konzepten mit einem Fokus auf das Spielerische und Kreative[2], wobei der forscherische Schwerpunkt auf strategischen Inhalten lag.

Das Forscherteam des Imagination Labs veröffentlichte insgesamt 3 Bücher, 74 Studien und 12

1. In den sechs Jahren ab 2000 hat Johan ca. 10 Millionen Pfund an Finanzmitteln von Unternehmen aus den Bereichen Telekommunikation, Produktion, Dienstleistungen und Banken sammeln können, darunter auch von LEGO.
2. How It All Began: The Origins Of LEGO®, Serious Play®, Johan Roos und Bart Victor 2018.

Fachartikel[3], die sich alle noch immer unter der Adresse http://www.imagilab.org/research_workingpapers.htm einsehen lassen.

Das alles zu lesen, bedeutet viel Arbeit. Außerdem ist es in einem akademischen Stil geschrieben, der durch Querverweise auf andere Arbeiten und Theorien nicht einfach zugänglich ist. Wer sich aber vertieft damit auseinandersetzen möchte, die theoretischen Grundlagen und Konzepte von LEGO® Serious Play® zu verstehen, dem sei die Lektüre wärmstens empfohlen.

Hintergrundwissen, das einen zum besseren Moderator macht

Ein Beispiel: Moderatoren wie wir, die LSP als ein Tool neben vielen anwenden, stammen selten aus der Wissenschaft. Bevor ich mich mit LEGO® Serious Play® auseinandergesetzt habe, habe ich nie ernsthaft über „Spielen" nachgedacht. Ich wusste, zwar dass „Spielen" im Arbeitsumfeld eher skeptisch gesehen wurde, dennoch war es für mich entweder etwas für Kinder oder aber etwas wie Schach, Scrabble oder Doom.

Eine der ersten Publikationen, die ich vom Imagination Lab gelesen habe, war „WP2 Play in Organizations Working Paper 2 July 2001". Die folgenden Zitate sind sinngemäß hieraus entnommen.

Spielen ist eine grundlegende und essenzielle menschliche Tätigkeit.

Spielen folgt immer einem Zweck.

Ein weiteres emotionales Ziel des Spielens ist, diesen flüchtigen Moment großen Glücks zu erreichen, der in Verbindung mit dem Erreichen eigener Ziele steht. … Dem Spüren des eigenen Potenzials in Echtzeit, … dem Gefühl der Kompetenz, des Erfolgs und der starken emotionalen Erfüllung.

Beim Spielen handelt es sich um eine beschränkte, strukturierte und freiwillige Aktivität, die die Vorstellungskraft anspricht.

Spielen als freiwillige Aktivität findet in starren Begrenzungen von Raum und Zeit statt.

Spielen beinhaltet ineinander in Beziehung stehende Regeln, die die Fantasie einbeziehen.

Zum Spielen benötigt man den freien Willen des Spielers: Wird Spielen erzwungen, handelt es sich um Arbeit.

Je mehr ich mich mit dem Thema auseinandergesetzt hatte, desto besser konnte ich es verstehen.

3. In Anlehnung an https://en.wikipedia.org/wiki/Lego_Serious_Play

Die Literatur dieser Grundlagen hat mir die Gewissheit gegeben, dass „Spielen“ in Unternehmen nicht nur akzeptabel, sondern absolut notwendig ist. Gleichzeitig fühle ich mich deutlich selbstsicherer, wenn ich Top-Führungskräften LEGO® Serious Play® als Workshop-Methode anbiete, denn ich kenne den Gesamtkontext und fühle mich darin bestärkt.

Für mich gibt es zudem einen Zusammenhang zwischen Professionalität und dem Respekt für die Ursprünge: Wer einen Prozess beherrschen will, muss die Grundlagen und Hintergründe verstehen .

Ich nutze die umfangreiche Bibliothek noch immer als Nachschlagewerk und lerne noch immer Neues. Ich erkenne Verbindungen und entwickle neue Ideen, die ich vorher als unmöglich betrachtet habe.

„How It All Began: The Origins Of LEGO® Serious Play®“ von Johan Roos und Bart Victor kann hier heruntergeladen werden: http://ijmar.org/v5n4/18-025.html

Die Imagination Lab Studien findet man hier: http://www.imagilab.org/research_workingpapers.htm

Die eigenen Hausaufgaben machen

Dadurch, dass wir unsere Hausaufgaben gemacht haben und den Kern verstanden haben, konnten wir die Methode verbessern, auf spezielle Inhalte anpassen und auch unser Kursprogramm entwickeln.

Unser Dank geht an alle, die LEGO® Serious Play® entwickelt und weiterentwickelt haben.

LEGO® Serious Play®-Fallstudien

Fallstudien finden sich auf der Webseite von ProMeet: www.meeting-facilitation.co.uk/lego-serious-play-london

Kontakt

Unsere Kontaktdaten für Ihre Fragen und Anregungen:

SeriousWork

@SeriousWrk

www.linkedin.com/company/seriousglobal/

www.instagram.com/seriousglobal/

www.facebook.com/seriouswrk

www.serious.global

Sean Blair

@ProMeetings

https://uk.linkedin.com/in/sean-blair

Sean@Serious.Global

Jens Dröge

www.linkedin.com/in/jensdroege/

Jens@Serious.Global

Ausbildung

Die Anwendung der vorgestellten Techniken lässt sich am besten in unserer Ausbildung erlernen, in der Sie ab Stunde 1 in die Rolle des Moderators schlüpfen und an 360-Grad-Feedback wachsen. Die Termine und Orte sind hier zu finden:

www.serious.global/learn

Anhänge

WEITERFÜHRENDES MATERIAL FÜR DEN PERFEKTEN LEGO® SERIOUS PLAY®-WORKSHOP

#A1. Resultate statt Referate

#A2. Beispieldrehbuch

#A3. Drehbuch für einen 1-Stunden-Workshop

#A4. Drehbuch für einen Skills-Build-Workshop

#A5. LEGO® Serious Play®-Etikette

#A6. LEGO® Serious Play® Trademark Guidelines

#A1. Resultate statt Referate

#A1 – Resultate statt Referate

Im Folgenden handelt es sich um einen Nachdruck des Kapitels 2 aus dem ersten Buch SERIOUSWORK. Wir finden, dies ist die wichtigste Einheit und sie hat nichts mit LEGO zu tun, und wir haben uns daher für eine Wiederholung für all die entschieden, die das erste Buch nicht gekauft haben.

Resultate statt Referate

Nachdruck des zweiten Kapitels aus unserem ersten Buch SERIOUSWORK

SERIOUS WORK

Resultate statt Referate

Dieses Kapitel zeigt, wie Sie mithilfe klar definierter Ziele konkrete Ergebnisse planen.

Beginnen Sie mit dem Ende

Keiner sitzt gerne in Terminen. Was wirklich zählt, sind Ergebnisse.

Daher zeigen wir Ihnen in diesem Kapitel, warum die Planungsphase der Schlüssel zu einer effektiven Besprechung ist.

Ziele statt Agendapunkte

Schlägt man das Wort „Agenda" nach, findet man zwei grundlegende Bedeutungen:

1. eine Liste von zu diskutierenden Themen bei Verhandlungen und Konferenzen

2. geheime Absichten oder Hintergedanken einer Person oder Gruppe

Diese beiden Definitionen sind aus zweierlei Gründen problematisch:

1. Eine Liste wird besprochen und ***diskutiert***. Und Diskussionen sind selten produktiv.

2. ***Geheime Absichten und Hintergedanken*** tragen nicht zu einer gesunden Meeting-Kultur bei.

Verben statt Blabla

Das Verb „diskutieren" ist zudem nicht besonders zielführend. Denn wenn man Teilnehmer einlädt, etwas zu diskutieren, dann werden sie genau das auch tun: diskutieren.

Genau das ist das Problem von Meetings, die von einer Agenda bestimmt werden ...

Einige tauschen sich über ihre Gedanken aus, andere über ihre Gefühle ... Wieder andere wollen über den zu diskutierenden Punkt mehr erfahren ... Und einer möchte vielleicht eine Entscheidung treffen ... Ein anderer ist dafür, jemand dagegen, jemand hat Vorbehalte und jemand verfolgt seine eigene Agenda.

Und bevor man sich versieht, reden alle Leute durcheinander. Was für ein Albtraum!

Sinnvoll ist daher, jeden Agendapunkt in ein Ziel zu verwandeln, das durch ein sorgfältig ausgewähltes Verb beschrieben wird. Dadurch wird der Gruppenfokus darauf gerichtet, dass alle das Gleiche zur gleichen Zeit tun.

Mehr zu Resultaten statt Referaten

Weiterführende Materialien zu Führung und Moderation sowie Fallstudien zu LEGO® Serious Play® (viele sind nur dank der Großzügigkeit unserer Kunden in diesem Buch enthalten) können Sie von der folgenden Webseite herunterladen:

www.ProMeet.co.uk

Verben bestimmen den Prozess

Durch die sorgfältige Wahl eines Verbs können Sie zu jedem Zeitpunkt eines Meetings leitend in den Prozess eingreifen:

Ein „entscheidendes" Verb erfordert einen Entscheidungsprozess

Ein „kreierendes" Verb erfordert einen Kreativprozess

Ein „planendes" Verb erfordert einen Planungsprozess und so weiter

VERSUCHEN SIE bei einem Ihrer nächsten Meetings, jeden Agendapunkt in ein Ziel umzuformulieren. Dadurch müssen Sie sich für jeden Punkt mit dem gewünschten Ergebnis auseinandersetzen.

Ein klares Ziel führt zu einem klaren Meeting

Idealerweise orientieren sich die Ziele einer Besprechung am Unternehmenszweck und an der Gesamtstrategie. In der Planungsphase sind gut durchdachte Ziele die halbe Miete. Ein klar definiertes Ziel wirkt sich auf die nachfolgende Prozessgestaltung aus.

Gute Ziele sind fordernd, aber erreichbar. Besprechungen laufen besser ab, wenn die Teilnehmer wissen, was erreicht werden soll.

Die ProMeet-Methodenkarte auf der folgenden Seite beschreibt, wie Ziele gut formuliert werden.

Die ProMeet-Ziele-Logik

Eine klare Logik und Zielhierarchie ermöglicht effiziente und produktive Meetings.

01: Ziele auf der Zweck-Ebene
Mission, Vision und Ziele einer Organisation

02: Ziele auf der Strategie-Ebene
Die strategischen Ziele einer Organisation

03: Ziele auf der Besprechungs-Ebene
Klar definierte Ziele, die durch das Meeting erreicht werden sollen

Wider dem Unbehagen

Für die Recherche des Buches haben wir etliche Menschen gefragt, wann sie sich in einem Meeting unbehaglich gefühlt haben: Die meisten haben Unbehagen gespürt, wenn ihnen das Ziel nicht klar war.

Dem lässt sich entgegenwirken, indem Ziele klar definiert und Agenden verbannt werden.

Unabhängig davon, ob LEGO® eingesetzt wird oder nicht, ist es grundsätzlich sinnvoll, sich eine Ziele-Logik zu überlegen.

Beginnen Sie stets damit, sich über das Gesamtziel Gedanken zu machen (auf der Ebene Zweck/Vision bzw. Strategie). Dann definieren Sie weitere Ziele für jede Einheit und jeden Punkt der Agenda.

ProMeet-Methodenkarte zur Zieldefinition

Diese Vorlage finden Sie auf www.serious.global/downloads zum Herunterladen.

Sie können diese Methodenkarte für Ihre Besprechungsplanung einsetzen. Verwandeln Sie jeden Punkt Ihrer Agenda in ein Ziel.

Eine Anmerkung zu den Downloads: Viele der in diesem Buch vorgestellten Ideen werden von einer Reihe von Vorlagen und PDF-Dokumenten begleitet. Diese können Sie gratis auf der Seite www.serious.global/downloads herunterladen, nutzen und anpassen. Dazu müssen Sie sich jedoch zunächst ein kostenloses Nutzerkonto anlegen.

Der übliche Ansatz nutzt den Begriff SMART. Demnach soll jedes Ziel spezifisch, messbar, akzeptiert und erreichbar, realistisch sowie terminiert sein.

Leider klingen so formulierte Ziele häufig kompliziert. Unser Ansatz nutzt die Alltagssprache und ist daher einfacher.

Gut Ding will Weile haben

Das Beispiel auf Seite 49 von SERIOUSWORK stammt aus einem realen Workshop mit 30 internationalen Teilnehmern.

Da es sich um ein ebenso kostspieliges wie wichtiges Meeting handelte, bedurfte es einiges an Aufwand, die Ziele zu definieren und den Ablauf zu planen (wir verwenden den Begriff „Drehbuch". Beispiele hierzu finden Sie in Kapitel 5 von SERIOUSWORK).

Ein kleineres Meeting mit weniger Teilnehmern benötigt entsprechend weniger Vorbereitungszeit. Wir empfehlen dennoch, die Ziele-Logik anzuwenden. So ist sichergestellt, dass die Teilnehmer verstehen, wie die einzelnen Elemente miteinander verbunden sind, und zudem auf ein gemeinsames Ziel hinarbeiten.

Selbst bei Meetings mit nur wenigen Teilnehmern und einer Stunde Dauer lohnt es sich, mindestens ein Ziel zu definieren.

Live-Event-Kick-off-Workshop

01: Gesamtziele

1. Das Team ist aktiviert und geht begeistert und motiviert in die nächste Periode.

2. Das Team hat Ideen erarbeitet, um eine noch bessere Leistung abzuliefern.

Diese beiden Gesamtziele werden durch sechs Einheiten erreicht.

02: Ziele jeder Einheit

Das Live-Event-Team ...
Einheit 1: ... kennt und vergrößert den Quell seiner Kreativität.
Einheit 2: ... ist gestärkt und motiviert.
Einheit 3: ... hat eine gemeinsame Vision der Erwartungen entwickelt.
Einheit 4: ... hat neue Wege und Ideen zur Verbesserung des Kundenerlebnisses gefunden.
Einheit 5: ... nimmt sich den „heißen Eisen“ an und thematisiert Sorgen und Bedürfnisse.
Einheit 6: ... plant Maßnahmen und teilt Erkenntnisse des Workshops mit anderen.

03: Ziele des Meetings – Einheit 1: Kreativität
Die Teilnehmer haben erkannt, worauf sie stolz sind, es geteilt und gefeiert.
Der Quell ihrer Kreativität zur Gestaltung außergewöhnlicher Events und Technologien ist gefunden.
Das Team hat Inspiration aus anderen erfolgreichen Veranstaltungen (z. B. Glastonbury, Formel 1 usw.) bezogen.

03: Ziele des Meetings – Einheit 2: Teamgeist
Das Team schätzt und honoriert seine Stärken.
Jedem ist bekannt, was das Team benötigt, um noch erfolgreicher zu sein.
Das Team hat erkannt, was es benötigt, um leistungsstark und hoch motiviert zu werden.

03: Ziele des Meetings – Einheit 3: Live-Event-Zukunft
Die Teilnehmer kennen ihre Erwartungen und erarbeiten eine Vision von dem, was sie erreichen möchten.
Das Team hat die Faktoren, die auf es wirken bzw. die es beeinflusst, identifiziert und erforscht Chancen und Risiken.
Das Team hat neue Produkte und Dienstleistungen erarbeitet.

Und so weiter ...

Ergebnisse planen

Für die Besprechungsvorbereitung ist es hilfreich, die Stakeholder die umseitig genannten Fragen beantworten zu lassen. Geben Sie ihnen dazu drei Minuten Zeit. Besonders effizient lässt sich dies mit vorgedruckten A6-Karten gestalten.

Eine Alternative dazu sind Haftnotizen im Format A6 (105 mm x 148 mm). Die kostengünstigste Variante ist allerdings, wenn Sie ein A4-Papier in vier gleich große Teile schneiden.

Diese Vorlage finden Sie auf
www.serious.global/downloads

Fünf Fragen, die Ihnen die Planung erleichtern:

1. Wie sieht für Sie das beste Ergebnis aus?

2. Welchen Unternehmenszielen muss das Meeting bzw. der Workshop gerecht werden?

3. Stellen Sie sich vor, der Termin war erfolgreich. Was hat sich zum Besseren gewandelt?

4. Angenommen, das Meeting ist nur eines in einer Reihe von weiteren Aktivitäten: Was ist das große, umfassende Ziel?

5. Was möchten Sie sonst noch mit dem Meeting erreichen?

Worüber diese Fragen Klarheit oder Verständnis bringen:

1. darüber, welche Resultate die Besprechung vorrangig liefern soll

2. den Zusammenhang: In welcher Relation steht das Ergebnis zu den Unternehmenszielen?

3. darüber, wie das Meeting zu einem erfolgreichen Wandel beitragen kann

4. darüber, welchem unternehmerischen Gesamtzweck dieses Meeting bzw. der Workshop dienen soll

5. darüber, ob es weitere wertschöpfende Möglichkeiten gibt

Manifesto Digital | 14. August 2015 | 10:00 – 12:30 Uhr | Hoxton Arches | v2.0

Beispiele für den Einsatz der fünf Fragen im Rahmen der Planung eines Workshops bei Manifesto …
(auf Englisch)

Ergebnisse aus der Vorbesprechung:

OBJECTIVES

Imagine the workshops have been wildly successful. **What has changed for the better?**

PROCESS

- Team engaged and 'own' the manifesto
- Staff more engaged in the company, through taking more responsibility/ownership

PROCESS

The team feel the company has a set of values and a Manifesto they created and believe in.

OBJECTIVES

At the end of this work… **What is the best outcome you'd hope for?**

PROCESS

- Team more able to articulate our values to clients

PROCESS

People consider the values + Manifesto a core part of what it is to work at Manifesto and we all try to work towards them

OBJECTIVES

Suppose we look at the workshops as steps in a larger initiative. **What's the ultimate goal?**

PROCESS

more successful business with experienced team members

PROCESS

An ongoing connection for new and existing employees with why we do what we do +/how

... und dafür, wie die Antworten in eine Reihe von Workshop-Ziele übersetzt wurden

Teamworkshop bei Manifesto

Übergreifendes Ziel

Das Team ist gestärkt und hat sich auf gemeinsame Werte verständigt: „Ein neues Manifest für Manifesto“

Ziele des Workshops

Die Ziele des Workshops sind allen bekannt.

Die aktuelle Teamgesundheit ist analysiert.

Das Team verfügt über Grundlagen des Bauens mit LEGO® Serious Play®.

Die Manifesto-Vision für 2017 ist dem Team bekannt.

Ein Glossar für den Workshop ist erstellt.

Die Grundwerte von Manifesto sind identifiziert.

Die gewünschten positiven Verhaltensweisen bei Manifesto sind identifiziert.

Manifesto hat sich Leitsätze in Form von „Simple Guiding Principles“ erarbeitet.

Jedem ist bewusst, was mit diesen Ergebnissen in Zukunft passieren wird.

Die Ergebnisse in Form von Modellen sind durch Fotos dokumentiert.

#A2. Beispieldrehbuch

#A2 – Beispieldrehbuch

Dieses Drehbuch soll ein Beispiel dafür geben, wie sich unsere Planung seit der Veröffentlichung von SERIOUSWORK weiterentwickelt hat, insbesondere bei der Planung der Reflexionsphase. Wir möchten hier nochmals auf den Spickzettel in Technik #4 hinweisen.

Führungskräfte-Workshop | 7. März 2019 | Shoreditch | ca. 120 Personen | v.12

Übergreifendes Ziel: 1. Das Führungsteam hat für sich erarbeitet, wie es Whole Brain® Thinking einsetzen wird 2. Es versteht die praktische Bedeutung von Anpassen, Übernehmen, Weiterentwickeln 3. Es versteht, was es bedeutet, für die Strategie und den Maßnahmenplan verantwortlich zu sein			
Zeit	**Einheit**	**Ziel**	**Ablauf**
7:00	**Aufbau**		Aufbau: Bankettbestuhlung. 20 runde Tische mit 6 Stühlen Festgesetzte Sitzordnung anhand der WBT-Profile. Erweitertes Führungsgremium auf Tische aufteilen – einer pro Tisch
9:00	**Begrüßung**		Vorstand
9:10	**Whole Brain Thinking (WBT) – Überblick**	**Die Teilnehmer haben einen Überblick über WBT, um das eigene Profil zu verstehen**	Anne
10:15	**Einleitende Worte**	**Der Rahmen ist gesteckt und die Erwartungen an den Workshop wurden vorgestellt**	Vorstand In den kommenden Stunden geht es darum, **was jeder aus den Erkenntnissen dieses Workshops für sich umsetzen wird.** **Anders ausgedrückt**: – Verantwortung übernehmen – Sich hervortun – Das Beste aus sich und anderen herausholen Auf geht's: Be the change you want to see, be the leader you want to be. Hier und jetzt.

10:20	**Vorstellung Moderator**	**Die Teilnehmer kennen den Prozess, den Fahrplan und die Arbeitsannahmen**	
10:25	**LEGO Serious Play Skills**	**Die Teilnehmer verfügen über die notwendigen LEGO® Serious Play® Skills**	Skill 1. Technische Skills Skill 2. Steine als Metaphern
11:00	**Pause**		
11:20	**LEGO® Serious Play Skills® Build 3 – Zuhören**	**Die Teilnehmer verfügen über die notwendigen LEGO Serious® Play® Skills**	**Take-away vom Vortag** **Baue eine Modell, das dein persönliches Take-away aus der bisherigen Veranstaltung zeigt:** - Was soll dir dauerhaft in Erinnerung bleiben? Bauzeit: 5 Min. > teilen: 6 Min. > zusammenfassen & vorstellen: 5 Min. **1. Fasse dein Modell in wenigen Worten auf einer Karte zusammen: Mein Take-away des bisherigen Workshops ist ...** > Fotos der Modelle und Karten **Reflexionsphase** Was waren die größten Aha-Erlebnisse hier im Raum? Versucht, die feinen Unterschiede herauszufinden, die jede Tischgruppe (= Profil) hatte. Karten einsammeln – sortieren.

11:55	**Whole Brain Thinking**	**Das Führungsteam hat für sich erarbeitet, wie es Whole Brain® Thinking einsetzen wird** Frame: *Whole Brain® Thinking ist ein wesentlicher Baustein in unserem agilen Ansatz. Vorab habt ihr ein perönliches Profil eurer Präferenzen erhalten: Was ist euch wichtig? Wie könnt ihr dieses Wissen in euren Alltag integrieren, um eure Führungsqualitäten zu verbessern?*	**Einleitung** – 3 Min. Betrachtet euer Whole Brain Thinking-Profil. Unter Beachtung eurer Merkmale und all dem, was ihr über euch wisst: **Baue ein Modell, das beschreibt, was du tun kannst, um ein wirkungsvolles Teammitglied zu sein. Im Umgang mit anderen, und insbesondere mit denen, die du nicht magst.** Jeder baut für sich für 3 Min. – teilen innerhalb der Tischgruppe – 10 Min. **Reflexion in der Tischgruppe: 3 Min. Notizen, 10 Min. teilen** **Reflexion mit MODERATIONSKARTEN:** **Was wirst du an deinem Verhalten ändern, jetzt wo du deine und die Whole Brain® Thinking-Merkmale der anderen kennst?** **Was ist die größte Herausforderung für dich, um ein Bewusstsein für Whole Brain® Thinking zu entwickeln?** **Reflexion in der Gruppe** **Vorstellung im Plenum – 10/15 Min.** Karten einsammeln – sortieren.

12:40	**Whole Brain® Thinking**	**Die Führungs-kräfte wissen, wie sie WBT anwenden werden**	**Verbindlichkeit erzielen** – 10 Min. Reflektiert über die 4 Quadranten, während du die folgenden Fragen beantwortest: **3. MACHEN! WBT UMSETZEN** **Denke darüber nach, was du über WBT und deine Präferenzen erfahren hast: Schreibe EINE Sache auf, die du AB SOFORT machen wirst, um ein noch effektiveres Teammitglied zu werden.** **3B. AUFHÖREN! WBT UMSETZEN** **Denke darüber nach, was du über WBT und deine Präferenzen erfahren hast: Schreibe EINE Sache auf, die du AB SOFORT UNTERLASSEN wirst, um ein noch effektiveres Teammitglied zu werden.** Teilen Modell und Karten fotografieren Karten einsammeln – sortieren.
13:00	**Mittag**	**Alle Modelle sind fotografiert**	Mittagessen findet in einem separaten Raum statt Raum umbauen: – Neue Sitzordnung: Jeder Tisch sollte nun aus einem Mix verschiedener Profile bestehen

13:45	**Anpassen, übernehmen, entwickeln**	**Die Teilnehmer wissen, was anpassen, übernehmen, weiterentwickeln** (Zusammenarbeit, teamübergreifend, Denken in Netzwerken, offener Mindset etc.) **praktisch bedeutet – und verpflichten sich dazu.**	Vorstandsvorsitzender: 3 Min. WARUM anpassen, übernehmen und weiterentwickeln von Bedeutung sind … Frame: Was ist eine offene Grundhaltung? Es ist Januar 2020 und die heutige Veranstaltung hat maßgeblich dazu beigetragen, eure Zukunft über das vergangene Jahr zu formen. Die Ziele sind fast erreicht. **Sich anzupassen, Dinge zu übernehmen und sich weiterzuentwickeln, waren grundlegend für diesen Erfolg**. **Baue ein Modell, das beschreibt, wie anpassen, übernehmen und weiternentwickeln im gesamten Unternehmen im Jahr 2020 funktioniert.** – Welches Mindset? – Welche Verhaltensweisen? – Welche Systeme oder Prozesse? – Wer ist mit wem vernetzt? Und WIE? – Wer macht was? Jeder baut für sich für 4 Min. Teilen innerhalb der Tischgruppe für 8 Min.

<table>
<tr>
<td>14:05</td>
<td>Gemeinsames Modell</td>
<td>Die Teilnehmer wissen, was anpassen, übernehmen, weiterentwickeln prakitsch bedeutet – und verpflichten sich dazu</td>
<td>Einführung in gemeinsame Modelle – 3 Min.

Baue ein gemeinsames Modell, das beschreibt, wie anpassen, übernehmen und weiternentwickeln im gesamten Unternehmen im Jahr 2020 funktioniert.

Bauen in der Tischgruppe für10 Min.
Vorstellung – 3 Min.
Nachbessern – 5 Min
Zusammenfassung auf Moderationskarte – 4 Min.

Gemeinsame Reflexion:
Was steht über all dem Ganzen?

Was sind die wesentlichen Verhaltensweisen, die das neue Mindset ermöglichen?

Welche wesentlichen Systeme oder Prozesse führen zu dem neuen Mindset?

Was ist der kritische Erfolgsfaktor, um die Veränderung herbeizuführen?

1. Alle Modelle fotografieren
2. Karten einsammeln – sortieren</td>
</tr>
</table>

14:30	**Verant-wortung**	**Die Teilnehmer wissen, was es heißt, für die erfolgreiche Umsetzung der Strategie verantwortlich zu sein.**	**Frame: Jetzt geht es um euch!** ***Input vom Vorstand*** ***Baue ein Modell, das zeigt, was es für dich bedeutet, bei uns als Führungskraft Vorbild zu sein.*** Wodurch zeichnet sich das aus? Was wirst du tun/lassen? Was treibt dich an? Was bedeutet es, verantwortlich zu sein? **Bitte vervollständige dein Modell, sodass es aussagt, was du beitragen wirst, um als Führungskraft Verantwortung zu zeigen.** Bauen – 2 Min. Teilen – 5 Min. Reflektieren – 5 Min.

14:45	**Ver-antwortung 2**	**Die Teilnehmer haben Maßnahmen definiert, für die sie sich verantwortlich zeigen** (Über die eigene Funktion nachdenken, benötigte Fähig-keiten, um ein Team zum Erfolg zu führen (Mentoring, Coaching, Feedback))	Vorstand: Wiederholung von Ziel und Vision – 3 Min. Arbeit mit Moderationskarten: 3 Min. Notizen Teilen mit Partnern: 3 Min. Karte mit dem Handy fotografieren Im Plenum vorstellen **Reflexion:** Was können wir erkennen, wenn Ihr euch im Raum umschaut? Wie fühlt es sich an, Teil dieses Teams zu sein? Was habt ihr in den vergangenen 2 Tagen gelernt, das für den Prozess wesentlich ist? Was werdet ihr nun anders machen? Karten einsammeln – sortieren
15:00	**Ab-schließende Worte**		
15:45	**Fotos**		

#A3. Drehbuch für einen 1-Stunden-Workshop

#A3 – Drehbuch für einen 1-Stunden-Workshop

Dieses Drehbuch war Grundlage für einen einstündigen Workshop mit je ca. 36 Personen für die „Legal Geek Conference". Diese Einheit wurde 6 x wiederholt.

Übergreifendes Ziel: Die Teilnehmer erforschen die Kultur im Team und lernen LEGO® Serious Play® kennen			
Zeit	**Einheit**	**Ziel**	**Ablauf**
0:00	**Ankunft**		Tischgruppen von 6 bis 7 Personen. 8 Tische mit ca. 1.5 kg gemischter Steine
0:01	**Begrüßung**		Kurze Begrüßung
0:02	**Fahrplan**		FRAME: Wir wurden damit beauftragt, eine neue Kanzlei zu gründen. Dieser Workshop befasst sich mit Führungsstilen – insbesondere der Kultur, die ihr als Führungskräfte durch eure Werte und Verhaltensweisen schaffen wollt.
0:05	**LEGO® Serious Play® Einführung & Skills Build**	**Skill 1. Technisch** **Skill 2. Steine als Metaphern**	Skill 1. Technische Skills Skill 2. Steine als Metaphern
0:15	**Vision/Kultur – alleine**	**Die Teilnehmer haben eine Vorstellung von der Kultur in der neuen Kanzlei**	Stellt euch vor, die neue Kanzlei feiert ihren ersten Geburtstag und das gesamte Team hält ein Meeting ab, in dem das letzte Jahr Revue passiert wird. Jeder baut für sich für 3 Min. Baue ein Modell, das die Kultur in diesem Meeting beschreibt. Was zeichnet diese aus? Wie fühlt sich diese an? Wie könnte diese Kultur in der neuen Kanzlei aussehen? Reflexion: Welche Unterschiede könnt ihr in den Modellen im Vergleich zur verbreiteten Denkweise erkennen?

0:25	**Gemeinsame Vision/Kultur**	**Die Teilnehmer haben eine Vorstellung von der Kultur in der neuen Kanzlei**	Bau eines gemeinsamen Modells Baue ein gemeinsames Modell, das die Kultur in diesem Meeting beschreibt. Was zeichnet diese aus? Wie fühlt sich diese an? Wie könnte diese Kultur in der neuen Kanzlei aussehen? Bauen für 10 Min. – Video
0:45	**Führungsstil**	**Die Teilnehmer haben positives Führungs-verhalten identifiziert**	Jeder baut für sich für 3 Minuten Baue ein Modell, das beschreibt, welches positive Führungsverhalten benötigt wird, um die neue Kanzlei zum Erfolg zu führen (+ grüne Steine) Teilen > 5 Min. In max. 3 Worten zusammenfassen > 2 Min. Reflexion in Tischgruppen – jeder für sich für 2 Min. Moderationskarte ausfüllen > teilen/ besprechen
0:55	**Abschluss**		Eigene Modelle fotografieren Modelle auseinanderbauen und Tische aufräumen

#A4. Drehbuch für einen Skills-Build-Workshop

#A4 – Drehbuch für einen Skills-Build-Workshop

Dieses Drehbuch ist seit dem Erscheinen von SERIOUSWORK ebenfalls aktualisiert worden. Hierbei handelt es sich um das aktuelle Drehbuch, das unsere Teilnehmer in der Ausbildung nutzen, wenn sie ihren ersten Workshop am Ende des 2. Tages moderieren.

Übergreifendes Ziel: Die Teilnehmer haben einen Einblick in die LEGO® Serious Play®-Methode erhalten			
Zeit	**Einheit**	**Ziel**	**Ablauf**
15:00	**Kurze Begrüßung**	**Die Teilnehmer haben sich kennengelernt**	Kurzvorstellung (IN WIRKLICH WENIGEN WORTEN: Wie heißt du? Was machst du beruflich?)
15:02	**Einführung in das LEGO® Serious Play® Skills Build**	**Die Teilnehmer haben einen kurzen Überblick über das Skills Build erhalten**	1. Technisch 2. Steine als Metaphern 3. Storytelling – die drei Arten der Kommunikation
15:05	**LEGO® Serious Play® Skills Build – technisch**	**Die Teilnehmer verfügen über die technischen Fähigkeiten, um Steine miteinander zu verbinden.**	**Aufgabe 1: der Turm** Jeder baut für sich **Baue das Modell eines Turm** (optional: Versuche, die Steine auf eine vollkommen andere Art und Weise zu verbinden) Bauen: 2 Min. – teilen 5 Min. **Reflexionsfragen** Was fällt besonders auf? Was hat deine Aufmerksamkeit erregt? Welche unterschiedlichen Motive konnten wir beim Bauen erkennen?

15:15	**LEGO® Serious Play® Skills Build – Metaphern**	**Die Teilnehmer haben gelernt, wie man Steine als Metaphern nutzt.**	**Aufgabe 2: Steine als Metaphern – Einzelarbeit** 1. Stelle EINEN Stein in die Tischmitte -> Single Brick Metaphor (zeigen und beschreiben) 2. Aufgabe: **Verbinde 5 Steine auf zufällige und bedeutungslose Art und Weise** – max. 30 Sek. 3. EIN Modell ausleihen und sicherstellen, dass Teilnehmer jedem der 5 Steine eine Bedeutung geben. *Steine berühren* 4. Karten aushändigen – aufgedeckt, verdeckt, oder Karte, die am ehesten zum Modell passt Kurzer Recap **Reflexionsfragen** Was habt ihr während der Übung festgestellt? Hat die Erzählung einen Einfluss darauf, wie gut ihr euch die Bedeutung der Steine merken konntet?
15:30	**LEGO® Serious Play® Skills Build – Storytelling**	**Die Teilnehmer haben gelernt, wie man mithilfe der Steine Geschichten erzählt.**	LEGO® Serious Play®-Etikette vorstellen >>> **Aufgabe 3: Traumurlaub** **Baue ein Modell deines Traumurlaubs** Alles ist erlaubt: Urlaub auf der ISS, in Atlantis, einer einsamen Insel – sei kreativ! 2–3 Min. bauen, dann 8 Min. teilen **Reflexionsfragen** Was konntet ihr voneinander erfahren? Welche Idee würdet ihr in euer Modell übernehmen wollen?

#A5. LEGO® Serious Play®-Etikette

LEGO® Serious Play®-Etikette

Diese Schautafel steht zum Download bereit auf: www.serious.global/downloads

Der Moderator stellt die Frage bzw. Aufgabe, setzt den zeitlichen Rahmen und führt durch den Prozess.
Ihr LEGO-Modell stellt Ihre Antwort auf die Aufgabe dar.
Denken Sie mit den Händen. Vertrauen Sie Ihren Händen.
Teilen Sie die Geschichte, die Ihr Modell erzählt.
Nutzen Sie Ihre Augen und Ihre Ohren, um zuzuhören.
Es gibt keine falschen Antworten.
Jeder baut, jeder teilt.

#A6. LEGO® Serious Play® Trademark Guidelines

#A6 – Die LEGO® Serious Play® Trademark Guidelines.

Geht es um die Markenrechte, gibt es leider noch immer viel zu viele Negativbeispiele in der Gemeinschaft der „Certified facilitators of LEGO® Serious Play® Method and Materials“. Das lässt darauf schließen, dass viele nicht wissen, wie die Rechte der LEGO-Gruppe zu respektieren sind. Auch wenn sie an dieser Stelle nicht ins Deutsche übertragen wurden (es handelt sich um ein offizielles Dokument der LEGO-Gruppe), sind sie nicht schwer zu lesen und zu verstehen. Um eventuellen Problemen vorzubeugen, empfehlen wir dringend, diese Guidelines zu lesen, anzuwenden und zu respektieren – ganz besonders den Abschnitt, bei dem es um Fotos geht.

Übrigens wurde dieses Buch nicht von der LEGO-Gruppe unterstützt, nur weil wir diese Trademark Guidelines abdrucken. LEGO®, das LEGO®-Logo, der Stein®, die Konfiguration der Noppen® und die Minifigur® sind eingetragene Markenzeichen der LEGO-Gruppe, 2020.

LEGO SERIOUSPLAY®

Trademark Guidelines/

Trademark Guidelines 1.

- LEGO® IP rights

The LEGO Group owns all rights and intellectual property rights in and to the LEGO® SERIOUS PLAY® methodology as well as LEGO® SERIOUS PLAY® materials, including, without limitation, the following:

- The trademarks LEGO® SERIOUS PLAY® and SERIOUS PLAY®
- The trademark IMAGINOPEDIA™
- The copyrighted LEGO materials for Real Time Strategy and Real Time Identity
- The copyrighted IMAGINOPEDIA™ guide books
- The copyrighted Facilitator Manual(s)*
- The copyrighted Window workshop materials
- The copyrighted LEGO® SERIOUS PLAY® marketing materials

Trademark Guidelines

2.

- how to inform about having received training

Trained facilitators of LEGO® SERIOUS PLAY® method and materials may place this recognition on their own websites and other visual media as part of their marketing efforts.

Incorrect

LEGO® SERIOUS PLAY®
Trained LSP facilitator

Incorrect

(Name), Trained facilitator of **LEGO® SERIOUS PLAY®** method and materials

Correct

Trademark Guidelines

- how to inform about LSP related offerings

3.

- The LEGO Group is not in a position to influence or guarantee the content or quality of workshops or experiences offered by management consultants/ facilitators to their clients under the use of the LEGO® SERIOUS PLAY® methodology and materials. Such offerings must therefore not be marketed or labelled as LEGO® SERIOUS PLAY® workshops or experiences originated from or otherwise sponsored, endorsed or sanctioned by the LEGO Group.
- The LEGO logo, the LEGO® SERIOUS PLAY® logo and the LEGO® minifigure itself may not be used as part of facilitators' visual marketing or offering. The logo/business sign of the facilitator may not feature LEGO bricks or minifigures.
- No LEGO trademark or name may be used on facilitators' stationary, business cards, websites, social media platforms or other corporate identity indicators.
- Management consultants/facilitators may offer their services to end clients in their visual marketing, online or otherwise, under their own brand. Such offerings must be labeled in a way which clearly is not a copy of the wording and definitions used in the materials to which the LEGO Group holds the proprietary rights.

Trademark Guidelines

4.

- do's and don'ts

The offering and marketing may make descriptive reference to the use of LEGO® SERIOUS PLAY® materials and methodology.

- **Example:** a consultancy firm may market its services as follows:
  "Better Process Consultancy offers Participatory Strategic Development Workshop using the LEGO® SERIOUS PLAY® materials and methodology".

Correct

- **Example:** a consultancy firm may market its services as follows:
  "Great Training Company offers "Facilitator Training Workshop in the use of LEGO® SERIOUS PLAY® materials and methodology".

Correct

- **Example:** a consultancy firm may not market its services as follows:
  "Great Training Company offers LEGO® SERIOUS PLAY® training" or "Better Process Consultancy offers LEGO® SERIOUS PLAY® Workshop".

Incorrect

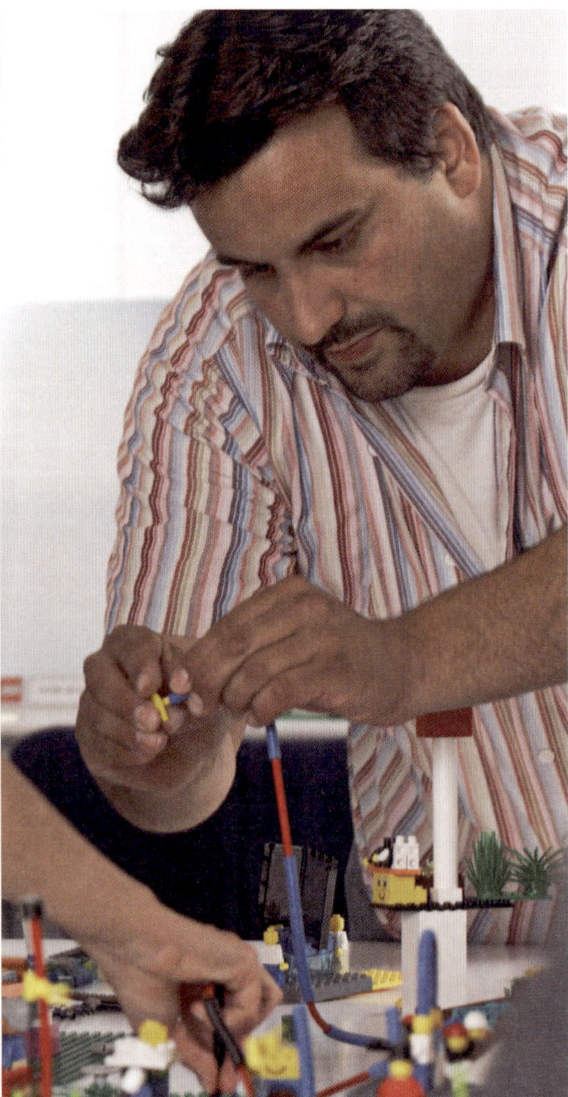

Trademark Guidelines

5.

- how to use photo material in visual marketing, certificates, online or otherwise

- The photo material can include training sessions with the use of LEGO bricks and elements but without detailed focus on the LEGO products.
- Iconic and/or emphasized use of the LEGO® minifigures and/or the LEGO bricks/knobs is not allowed.
- The illustrations set forth in the Trademark Guidelines are examples of acceptable use of photos recorded during training.
- Photos may not feature the LEGO® logo or the LEGO® SERIOUS PLAY® logo.

Trademark Guidelines

6.

- general trademark guidelines

When management consultants/facilitators make reference to trademarks contained in LEGO® SERIOUS PLAY® Materials (the "Trademarks"), to which the LEGO Group holds all proprietary rights, the following guidelines apply:

- The Trademark must always be written in capital letters.
- The LEGO name is always spelled in all capital letters and the bricks (and/or elements) must always be referred to as "LEGO bricks" (or "LEGO elements") – never "LEGOs" or "legos".
- LEGO® SERIOUS PLAY® should always be followed by a descriptive word; for example a noun (LEGO® SERIOUS PLAY® materials, or LEGO® SERIOUS PLAY® methodology).
- The first time the Trademarks appear in a headline and in the following text, they should be accompanied by the relevant symbol: the LEGO trademark and SERIOUS PLAY by the ®symbol and IMAGINOPEDIA by the ™symbol. Thereafter, the symbols need not to be used more on the same page, or in the same chapter.
- The facilitators' own name/trademark must be spatially separated from the Trademark used on the page.
- The facilitators' own name/trademark must appear in significantly larger type than the Trademarks.
- Facilitators may not set any of the Trademarks in a special typeface or lettering so that the word takes on the appearance of a new logo or design.
- The following disclaimer must appear in the close proximity to the Trademarks: **"LEGO, SERIOUS PLAY, the Minifigure and the Brick and Knob configurations are trademarks of the LEGO Group, which does not sponsor, authorize or endorse this website"**.
- The following copyright text must always be applied when the LEGO® SERIOUS PLAY® methodology is mentioned: **"© [insert present year] The LEGO Group"**.